一本书明白

当好农民信息员

YIBENSHU
MINGBAI
DANGHAO
NONGMIN
XINXIYUAN

王淮欣　主编

山东科学技术出版社　山西科学技术出版社　中原农民出版社
江西科学技术出版社　安徽科学技术出版社　河北科学技术出版社
陕西科学技术出版社　湖北科学技术出版社　湖南科学技术出版社

中原农民出版社　联合出版

"十三五"国家重点
图书出版规划

新型职业农民书架·
技走四方系列

图书在版编目（CIP）数据

一本书明白当好农民信息员 / 王淮欣主编.
郑州 :中原农民出版社，2017.10（2019.6重印）
（新型职业农民书架 · 技走四方系列）
ISBN 978-7-5542-1792-4

Ⅰ. ①一… Ⅱ. ①王… Ⅲ. ①电子计算机－基本知识 Ⅳ. ①TP3

中国版本图书馆CIP数据核字（2017）第256957号

一本书明白当好农民信息员

主　编：王淮欣
副主编：郭中华　郝　磊　李　南
参　编：马刚华　薄中伟　尹向平　李慧霞
　　　　朱华银　郁　夏　史美玲

出版发行　中原出版传媒集团　中原农民出版社
（郑州市郑东新区祥盛街27号7层　邮编：450016）
电　　话　0371-65788656
印　　刷　河南育翼鑫印务有限公司
开　　本　787mm × 1092mm　1/16
印　　张　8
字　　数　123千字
版　　次　2018年7月第1版
印　　次　2019年6月第2次印刷

书　　号　ISBN 978-7-5542-1792-4
定　　价　25.00元

目
Contents
录

单元一
农民信息员基础知识

单元提示

1. 农民信息员的职业概况。
2. 信息的种类、特征以及农业信息的特点。
3. 农业信息化建设的途径及农业信息化的应用。
4. 12316 三农服务热线。

一、农民信息员职业概述

（一）了解农民信息员

农民信息员是指为农民及时采集或发布相关农业信息的人员，主要负责所在地区的农业信息采集、整理、利用等工作，并将各种有用信息合理汇总，及时向农民传播的技术人员。

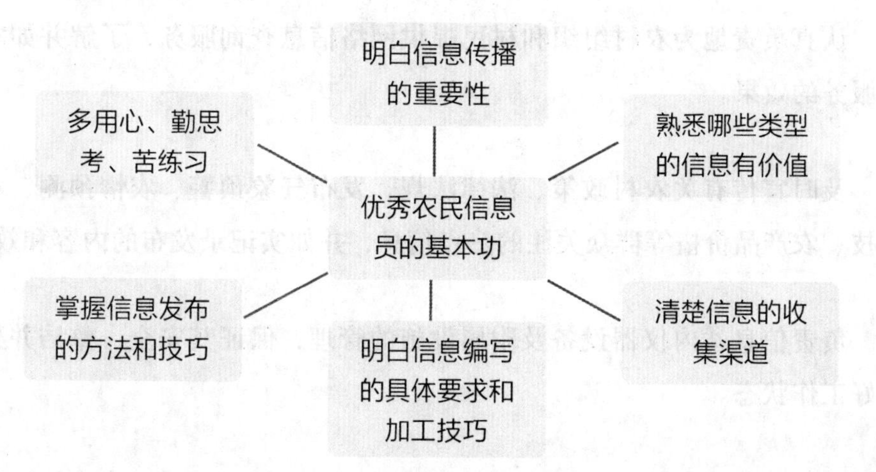

农民信息员的职业要求

●爱岗敬业：不要只做别人告诉你的事，要做需要你做的事，因为你不仅是在为自己工作，还是在为父老乡亲工作。

●国事为重：国家的政策是影响信息业发展的重要因素。

●农民为先：在服务中要做到主动、热情、耐心、细致、周到。

●注重学习：学习是提高自己的谋生能力和良性发展的重要手段。

●注意细节：细节往往容易被忽视。作为一名合格的农民信息员应该及时认真地把握住每一个细节问题，把有害信息遏制在最开始的地方。“细节决定成败”。

●团结协作：为共同的目标而努力。

●遵章守纪：忠于职守，认真履行自己的岗位职责，是每一位农民信息员的天职。

●乐观积极：农民信息员的工作是枯燥的、繁杂的，同时也是创造性的，只要乐观地对待每一天的工作，这份工作会给你带来欢乐。悲观的人往往会把机会看成危难。乐观者与悲观者之间的差别：乐观者看到的是油炸圈饼，悲观者看到的是一个窟窿。不要总是抱怨自己的命运不如别人，自己的工作不如别人，自己的收入不如别人，应积极乐观地面对自己的生活。

（二）农民信息员工作职责

深入农村各种组织和农户了解村民生产、生活情况，并及时收集、整理、编写，及时上传农村产、销、供、求信息。

认真负责地为农村组织和村民提供网络信息查询服务，了解并如实记录服务的效果。

及时宣传有关农村政策、法律法规，发布气象预警、农情预测、农业科技、农产品价格等群众关注的热点信息，并如实记录发布的内容和效果。

负责信息站内仪器设备及附属设施的管理，保证其安全、整洁并处于良好工作状态。

负责信息站内环境卫生，经常保持室外干净，室内整洁，物品摆放有序，仪器设备布置合理，便于开展信息服务工作。

接受县（区）参建企业委托，办理有关运营业务，发展农业短信定制用户。

农民信箱管理工作具体内容

①负责农民信箱管理，进行上下联络沟通工作。及时进行信息处理，把有关信息上传下达，把农民信箱中反映的问题、要求提交给本村有关领导。

②负责在本村发展农民信箱注册用户。帮助本村的注册用户发送农产品买卖信息。

③负责指导和帮助本村的注册用户使用农民信箱。利用农民信箱中的公共信息和农业信息资源集成，及时为本地区用户查找并公布农村政策、农业政务、行政许可、农业种养科技、农产品市场行情、农产品买卖信息、气象消息和防灾减灾措施等内容。

④负责接收、审查经济主体要求在农民信箱系统群发的邮件和短信，审查后，由系统管理员群发。

⑤收集、总结并及时上报本村推广应用农民信箱工作情况和应用农民信箱取得成效的典型。

⑥负责本村工作动态、典型事例、重大活动及其他相关信息的收集、发布与上报工作。

（三）农民信息员的管理制度

严格遵守公共信息发布的审批制度 凡要在农民信箱系统发布的公共信息，必须经本村领导签字批准后再发送，擅自发送责任自负。

严格遵守保密制度 不泄露工作中了解到的用户信息；不泄露委托接收信息或发布信息用户的商业秘密和隐私；不泄露农民信箱系统管理员的登录用户名和密码；凡在农民信箱系统发布的信息，都不得有涉密内容。如发生泄密，根据“谁审批谁负责，谁上网谁负责”的原则，经审批的由审批领导承担责任，信息员擅自发布的由信息员承担责任。

严格遵守发布公共信息附件限制制度 发布公共信息原则上不准发布带有印章的附件，如确有必要发布带有印章的附件，必须经过领导批准，并在技术上符合电子印章规范，确保不会被盗用。

严格遵守农民信箱群发的邮件和短信内容真伪的审核制度 凡有虚假、欺诈内容的，坚决拒收。

严格遵守发送信息登记备案制度 凡通过农民信箱发送的公共信息、经济主体要求群发的信息，必须逐项登记，并按月、季、年，搞好统计、汇总和分析，报单位领导审阅。

搞好信息服务，切忌以下几点

①以点带面，以偏概全。

②道听途说，含糊不清。

③异地异时，移花接木。

④主观臆断，不求甚解。

案例导入

大学生村官如何当好农民信息员，助推农村经济

俗话说得好：“不谋一域，不足以谋全局”。对于一名懂电脑、具备一定知识的信息员来说，做好农民信箱管理工作是其工作的重要组成部分。一年多的工作时间，使我真切地认识到农民信箱发展对农民、对农村的重要性，也使我对做好浙江农民信箱信息员的工作有了进一步的认识！

一是，在工作态度上，要热爱这份工作，增强工作的责任心。爱是前提，是基础，是“感应器”，是所有工作的动力。如果我们来到农村，心里面没有农村，那么我们是不可能做好这份工作的。热爱农村，心系群众，才会使我们想群众之所想，急群众之所急。身在农村，作为农民信息员管理农民信箱，就应该努力为农民朋友及时送去相关农业资讯，要让农民在农民信箱中查找到解决难题的良方，此外还为他们送去科教片，帮他们联系专家。

二是，在工作方法上，要勤学结合。“勤”之于我们每一位农民信箱村级信息员的意义，不单是要勤于简单的信箱系统内操作，更应勤于下村，勤于联系群众，向村民学习，为群众办实事。身在农村，仅仅心里装着群众是不够的，还必须加强与群众的联系，想方设法努力多与群众接触。且不说“三人行必有我师”，但对我们这些涉世不深、初出茅庐、毫无工作经验的“毛孩”来说，“开口”总是有益的。这不仅能增进我们与村民之间的相互了解，更能使我们受教，积累经验，使我们知道农民的所想所需，为我们开展好“农民信箱”和其他相关工作提供切实依据。

三是，要求真务实，做好本职工作。工作一旦脱离了实际，对于改变现状也就失去了意义。在现实工作中，要密切联系群众，从群众中来，到群众中去，服务好“三农”，这是我们工作的出发点和落脚点。其中，在服务的地方找出特色农产品资源，不失为发展好当地经济的有效途径。

二、信息与农业信息基础知识

（一）信息基础知识

什么是信息？通俗地讲，信息就是消息。指描述一切事物的存在形式或状态。在人们生活的周围存在许许多多各种各样的信息，人们用自己的感官去感知它们，发现它们，或传播它们，人们到处都在谈论信息。例如：人们用耳朵听到悠扬的歌声，他人的交谈或议论，我们从电视广告中看到的某种优质肥料和神奇的良药，你想要告诉他人的一些事情等，这些人们所听到、看到、想到的一切事物都是信息。信息无所不在，它们以不同的形式或状态存在于人们生存的世界中。

1. 信息的记载种类

数据信息

数据信息是以数据的形态存在的信息。数据信息不单指数字，特指计算机能够处理的文字、数字、事实、符号等。如：电子计算机把一些图像、文字、声音等通过处理简化成计算机语言的“0”或“1”，它们就变成了数据。这些数据被储存在数据库里，通过计算机、U盘、光碟、硬盘等进行储存和传播。

文本信息

文本信息是指以文字记载的形式存在的信息。文本信息比较直观，是指通过书写记录下来的文字书面语。一般以手写、打印成书信、杂志、报纸等形式存在或保存。人们通过阅读就能够获得这些信息，它们区别于口头语言。如：天气预报——今天天气晴朗，最高气温20℃，最低气温3℃；墙体广告——大力发展农村信息化工程。

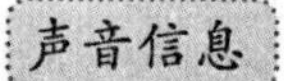

声音信息

顾名思义，声音信息是人们通过各种声音的传播而获得的信息，即人们用耳朵听到的信息。如：播放音乐的时候，人们能够从听到的音乐中知道乐曲的快慢、音调的高低、歌词的意义等信息。固定电话、手机、收音机、电脑等都是传播声音的工具。

图像信息

图像信息是以各种图像为存在形式，能够被人们看到的信息。图像信息常常以图画、图片、照片、无声动画等形式存在。通过绘画、打印或复印、扫描、发传真等手段进行传播。

图片广告、宣传画、图画册等都是图像信息。

2. 信息的特点

可度量

信息可采用某种度量单位进行度量，并进行信息编码。如现代计算机使用的二进制。

可识别

信息可采取直观识别、比较识别和间接识别等多种方式来把握。

可存储

信息可以存储。大脑就是一个天然信息存储器。人类发明的文字、摄影、录音、录像等信息，都可以通过计算机存储器进行信息存储。

可传递

信息的传递是与物质和能量的传递同时进行的。语言、表情、动作、报刊、图书、广播、电视、电话等是人类常用的信息传递方式。

可再生

信息经过处理后，可以其他形式或方式再生成信息。输入计算机的各种数据文字等信息，可用显示、打印、绘图等方式再生成信息。如复印资料，把计算机的文档信息再生为纸质形式。

可压缩

信息可以进行压缩，即把信息储存在计算机里，如果信息太多，硬盘储存不下，可以先把信息压缩处理，压缩的目的是为了便于存储。可压缩的另一层含义是通过信息加工，用尽可能少的信息量描述一件事物的主要特征。

可利用

信息具有一定的可利用性。如对于气象部门来说，某地的历史气象信息可以用于一个地方的气象研究，仍然具有利用价值。

可共享

信息具有扩散性，因此，可共享。如一幅小麦品种的照片，看过照片的人都可以从中了解到小麦的外部特征。

信息的功能

信息的功能与信息的存在形式和特征紧密联系，人们通过信息的不同存在形式能够了解各种知识，学习技术和技能，解决人们生活和生产中遇到的问题或难题。

信息经过处理可以保存，可以再生传播，可以识别，可以运用于各行各业。例如：农业信息可以引导人们从事农业的生产经营活动，为农业生产经营服务。具体表现为：在麦收季节，根据天气信息和麦子成熟信息，决定麦收进程，抢收抢种，提高生产效率。

延伸阅读

信息的运用

在信息化时代的今天，信息被广泛运用于人们的工作和生活。如电子信息在办公业务中的应用，使得收集、整理等一些烦琐的工作变得更简单化，解放了人力、物力。

信息技术在农业上的普遍应用，也就是农业信息化，其对农业的发展将起到越来越重要的作用。没有农业信息化，就没有农业科学技术的迅速进步，也不可能有农业和农村经济的快速发展。目前全国大多数县都配备了计算机用于信息管理，县以上各级农业信息中心逐步建立，已建成了一些大型农业资源数据库和优化模拟模型、宏观决策支持系统，应用遥感技术进行灾害预测预报与农业估产，各种农业专家系统和计算机生产管理系统应用于实践。

信息技术和计算机应用在我国农业部门和农村已开始发挥作用，有些已取得显著的效果。如中国农业科学院草原研究所应用现代遥感和地理信息技术建立了“中国北方草地草畜平衡动态监测系统”。该系统的建成使我国的草地资源管理进入一个新阶段，过去由常规方法上百人 10 年完成的工作量，用该系统只需 7 天即可完成，运行 3 年，节约经费 1 669 万元。该项研究成果获得 1997 年国家科技进步二等奖。然而，从总体上来说，农业信息化在我国还未受到足够的重视，还缺乏全国整体规划，研究与应用发展不平衡，尤其在成果转化与实际应用的开发和推广上还存在着很大困难，农业信息产业化水平还比较低。因此，应该进一步加强我国农业信息化发展战略研究，使我们能够寻找到一条适合中国国情的、效果最佳的农业信息化发展模式，其最终目的是促进我国农业和农村经济的快速、协调发展。

从本质上讲，农业是高风险行业，除了市场风险之外还有自然风险。现代信息技术可以通过信息的有效传递使农业经营的风险系数大大降低。这也是20世纪70年代发达国家农业向信息化迈进的最初动力。然而，目前中国农业实际面临的信息化压力已远远高出发达国家当初的情景。

（二）农业信息

1. 农业信息的概念及特点

农业信息是指关于农业方面的消息，包括情报、数据、资料等，如农业生产、加工、运输、销售等方面的各种信息。它除了具有一般信息的特点，还具有可持续性、实用性等特点。

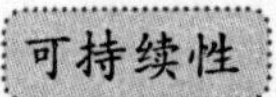

农业生产技术的发展随着科学技术的进步逐步更新，农业信息也逐步被人们开发利用—再开发—再利用，它是一个螺旋式循环推进发展的过程，具有可持续性。

实用性

大量的农业信息收集整理起来，宣传给从事农业生产经营的人们，引导农业生产经营，为农业生产经营服务，提高了农业生产经营效率。例如：人们从电视广告、报纸或宣传信息中了解到“冬灌可以提高小麦的抗寒越冬能力”的信息，学会冬灌方法即刻就能够运用到自己的生产中。

客观性

农业生产、加工、销售等及其相关经济活动具有一定的客观规律，而这些又是客观存在的，因此反映农业生产、加工、销售等及其相关经济活动的产生、发展、变化的过程和趋势的农业信息也具客观性。它不以人的意志为转移，并为人们所感知。

价值性

农业信息是社会经济发展的重要资源财富的组成部分，在市场经济社会里，它具有鲜明的价值性。农业信息的价值性不是等同的，也不是恒定的。农业信息价值的大小与经济体制、行业分类、时间早晚、空间范围、社会经济条件、人的知识水平等有密切关系。

时效性

农业信息是反映农业生产、加工、销售等及其相关经济活动中的变化过程和发展趋势的，农业生产、加工、销售等及其相关经济活动又是瞬息万变的，因此农业信息也是无时无刻不在变化。这就说明随着时间的推移，那些过时的农业信息就会失去效力。

多样性

在人类经济社会里，农业主体本身具有多元性、多样性。从内容上讲，可能会有技术、生产、工艺、销售等经营方面的信息，还会有资金、劳动力、农用物资等生产要素方面的信息；从传播媒体上讲，有广播、电视、报纸或刊物传播的农业信息；从农产品供需上看，有生产者供应量、消费者需求量、市场占有率、农产品竞争率、农业行业信誉等信息，有关农业方面的信息不胜枚举，这些信息形成错综复杂的信息流，而且它们不断产生变化。

2. 农业信息的主要内容

（1）生产资源信息　生产资源信息主要包括种植农作物的土地、人力、水利、生产资料、成本投入等信息。

例如：农民信息员收集整理本村的土壤信息（酸碱度、肥力状况、土壤结构等），该信息经有关部门核实后，就可以向村民发布，如果附带提供测土配方施肥专家的联系方式，这条信息对种植户来说，就是有价值的信息。

（2）农业科学技术信息　农业科学技术信息主要是指用于农业生产方面以及城市生活方面的科学技术和一些简单的农产品加工技术。包括种植、养殖技术及推广、生产加工技术及更新、生产机械技术推广应用、化肥农药的生产应用、各种生产资料的鉴别等信息。

例如：农民信息员可以选择科技报刊或电视节目上的黄瓜栽培技术，把种黄瓜的关键技术信息发布给菜农。这绝对是一条帮助农民致富的好信息。或者登陆黄瓜新品种网站，联合省级农业科学院蔬菜研究所，把最新的黄瓜品种介绍给菜农，不仅有利于新品种的推广，还可以帮助菜农致富。

这个例子的关键是信息来源要可靠。因此，建立信息员联盟是一个值得探索的路子。

（3）农作物种苗及其生长信息　通过了解掌握种子、苗木生长情况，可以择优汰劣，优化品种。掌握农业生产进度是发布农业信息的一项基础工作。特别是在春耕播种和秋收前两个关键的农业生产季节，要通过多种途径，及时收集作物播种进度、作物长势分析，并进行纵横比较，从中发现问题和经验，把有关信息及时反映给决策者参考。

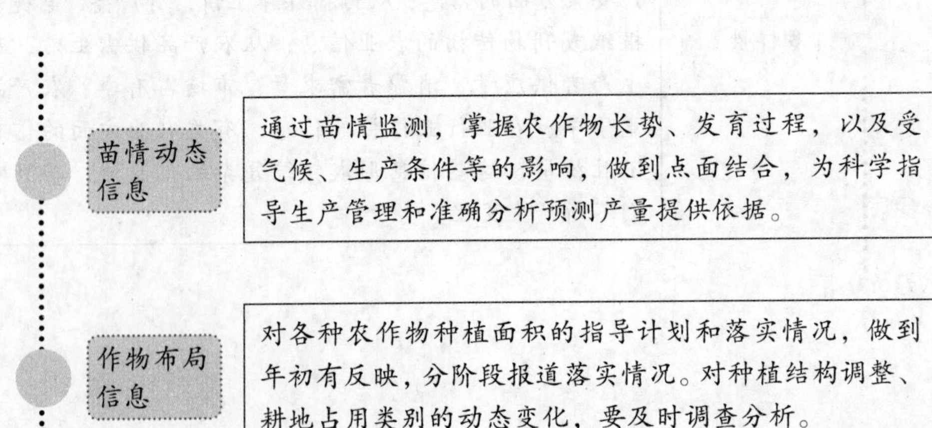

根据面积、气候条件、生产技术措施等方面的因素，结合苗情监测及抽样调查，对粮、棉、果、渔等农产品产量做出比较准确的预测，供领导参考。预测的关键是选准基点和实事求是地分析。

（4）天气、自然灾害信息　及时掌握天气情况，减少自然灾害对农业生产的影响，注意突发性的天气，可以根据当地多年经验和掌握的实际情况对降水、温度、日照等因素进行分析对比；要及时准确反映灾情，及时采取应对措施减少因病虫害、旱涝、霜冻、冰雹等自然灾害造成的损失。

天气预报信息员指导农业生产

河南省鹤壁市淇滨区钜桥镇岗坡村“大学生村官”张莉萍，每天一大早，就把当天的天气情况、大田的旱涝湿度以及农作物长势写在村委会门前的小黑板上。村民们根据黑板上的提示，针对自家责任田所需，备好不同的农机具，出门劳作。

张莉萍是鹤壁市980名“大学生村官”气象信息员中的一员，她的职责之一就是将收到的星陆双基项目气象信息和农业生产信息及时告诉村民。她依靠的是一台九要素田间监视器，实时监测大田空气、土壤的温湿度、风向、风速、降水、辐射（太阳光合作用）等；一台土地入渗仪，实时记录土壤10厘米、20厘米、30厘米直到100厘米的雨水入渗度。

这些数据被传送到气象部门的控制中心，农业专家可以直观、清晰地观察到大田作物的长势、生长环境，诊断出农作物所需的水肥及病虫害情况，每天再通过气象信息服务站点的气象信息员告知农民。

（5）农资和农产品流通信息　指农业生产资料供求信息和国内外农副产品价格行情、趋势分析、收支分配等信息。

生产资料信息包括化肥、农药、农膜、柴油、种子、农机具、饲料等主要生产资料的供应量、需求量及价格行情。

农副产品信息主要是区域内外（包括国内外）粮、棉、油、瓜、果、菜、畜、禽、水产等产品的需求量、供应量、价格行情及农副产品批发市场、集贸市场需求情况及农产品调出、调入等流通情况。

例如：养殖业发达的乡村，农民信息员可以时刻关注全国各大批发市场和周边城市的各种肉类价格、饲料价格，再比较上年各种肉类的价格，预测将来饲养哪种畜禽效益好。养殖户可以根据市场变化情况，选择养殖项目和饲养规模。

温馨提示：

记住，发布预测信息，不要下定论。大家都知道2013年养羊很赚钱，但养多少只羊最划算？在什么条件下养羊风险小？养什么品种好？……这些难以给出一个准确答案。总之，致富信息的完整性需要多种综合信息来印证，农民信息员要明白服务的有限性。

（6）农业政策信息　农业政策信息是指国家制定的关于农业方面的法律、法规、政策、条例、章程等及其执行情况。如土地承包责任制的有关规定、农业发展规划、国家免征农业税的规定等。

例如：家庭农场、合作社的扶持政策信息。政府出台了农机购置补贴政策，如果你不了解这个信息，没有用好政策，就享受不到应得的补贴款。这个信息的价值对应的就是补贴款。因此，农业政策信息对农场、合作社一类的农业组织的作用是巨大的。

（7）农业产业化信息服务　服务可以创造价值，信息服务自然也有市场。如麦收季节，收割机跨区作业中，把麦收地块的信息提供给收割机主（或机手），就是一种信息服务，这种信息对麦客和麦田主人都有价值。

案例导入

“三夏”跨区作业信息服务中心

在“三夏”大忙时节，随着农机手们的“南征北战”，一支看不见的“队伍”也在为机手们保驾护航。全国“三夏”跨区作业信息服务中心每天为农机手们免费提供区域天气、机收价格、道路情况、小麦成熟情况、车辆分布情况等信息，让农机手们及时、准确地掌握市场动态，使跨区作业机械有序流动，大大提高了跨区作业效率。

农业部与福田雷沃国际重工股份有限公司合作，从2006年开始设立了“三夏”跨区作业信息服务中心。几年来，这个信息中心在全国“三夏”高峰作业期间累计受理客户来电信息58万余条，发送跨区作业指导短信8 616万条，受益用户达47万余家。机手只要提供自己的手机号，登陆农机跨区信息服务网或者拨打全国统一服务热线4006589888,就可以得到这项服务，短信包括农业、农机、气象、交通、油料供应、卫生、公安、技术监督、工商及综合信息等。

这个信息网的建设者是当时农业部与福田雷沃国际重工股份有限公司，农民信息员从这个案例中学到些什么呢？农民信息员可以借鉴此案例中的经验，和当地政府合作，建立地区农产品网，把本地的农产品收成情况、品种、产量等信息整理出来，对接市场，发布给中间商或批发市场。这不失为一个好办法。

3. 农业信息的意义和作用

●掌握农业信息为国家制定合理的农业政策和农业发展提供依据。国家根据掌握的农业生产经营情况，农民实际生产能力和实际生活水平，以及农业发展趋势，制定调整国家政策，努力发展农业，促进农业生产，让人们进一步解放生产力，发展生产力。

●掌握农业信息可以帮助农业生产者了解农业发展形势，掌握与农业发展息息相关的生产资源，决定自己的投入和生产，以便获取最大生产经营效益。

●掌握农业信息可以引导生产经营者进行可靠的经营，提高生产经营效益。农业生产经营者在生产经营和市场经济社会中，根据了解或掌握的信息及时调整决定自己的生产经营方式方法，减少不必要的风险或损失，提高竞争能力，获取最大效益。

•掌握农业信息可以促进农业现代化进程的发展。我国农业现代化的发展、科学技术的运用使农业生产经营活动进一步高效、节能，大大节约成本和中间环节，减少不必要的损失，提高工作效率，农业机械化程度进一步提高，解放了生产力。

12316 三农服务热线

农民信息员拨打当地 12316 三农服务热线，即可得到农业专家的技术服务，把得到的技术信息再转发给农户，这也是农民信息员的工作之一。

12316 三农服务热线是全国农业系统公益服务统一专用号码，主要为农民提供政策、科技、假劣农资投诉举报、农产品市场供应与价格等全方位的即时信息服务。

案例导入

12316 三农服务热线地方特色

河南省 12316 三农服务热线是一对一服务方式。2010 年 3 月，汤阴县苏先生种植的 15 亩大棚西红柿因用药过度，导致大面积叶子发黄，嫩果脱落。苏先生求助 12316 后，电话直接转拨给省蔬菜专家王玮，在详细询问西红柿症状后，王玮向苏先生介绍了防治技术。几天后，苏先生再次拨打12316，非常激动地说："真是感谢12316，我家15亩西红柿在王专家的指导下现在长势良好，而且比往年增收至少10%，算下来不但帮我挽回了45 000元（每亩3 000元）的经济损失，还增加了4 000多元的收入。"

2013年5月，河南省12316三农服务热线面向社会公开招聘农业专业技术服务专家。这意味着，在河南省境内，一支服务三农的专家队伍即将建立起来。农民信息员又多了一条农业科技信息渠道。

全国各地12316三农服务热线的运作方式各不相同，有些地方是利用网络解答形式完成的，农民信息员可以上网查询当地12316三农服务热线，类似下面的专项技术信息就可以搜索到：

【农民问】锦州义县张家堡乡张家堡村的王先生来电咨询：牛眼睛红，鼻子红，流鼻涕，眼睛视物模糊，什么原因？

【热线答】12316金农热线首席养殖专家根据养殖户描述，初步诊断上述症状为附红细胞体病，建议颈部注射长效土霉素配合黄芪多糖稀释头孢进行治疗，1天注射1次，连续治疗5天。眼睛视物模糊可以点滴眼药水进行治疗。

【农民问】羊羔如何断奶？

【热线答】12316金农热线首席养殖专家介绍，一般羔羊3～4月龄即可断奶，此时断奶一方面有利于恢复母羊体况，另一方面有利于锻炼羔羊独立生活的能力。断奶方法有一次性断奶法和多日逐渐断奶法。生产中多采用一次性断奶法，即将母羊和羔羊断然分开，把母羊牵走，羔羊则仍留在原羊舍内饲养，不再合群。当羊群较大、母羊的产羔时间不太集中或产奶量太多时，则往往采用多日逐渐断奶法，即从羔羊2～3月龄起先与母羊白天分开、夜间合群，然后逐渐过渡为母羊和羔羊隔日相见，再到3天见一面，直至最后断奶。

【农民问】甜瓜白粉病，如何防治？

【热线答】12316金农热线首席植保专家建议使用三唑酮（粉锈宁）可湿性粉剂、百菌清（达科宁）悬浮剂、氟硅唑（福星）乳油、苯醚甲环唑（世高）水分散粒剂、甲基硫菌灵可湿性粉剂等进行防治，7 ~ 10天喷施1次，连续喷施2 ~ 3次。为防止产生抗药性，药剂要交替使用。此外，要注意甜瓜收获前7天禁止用药，以便安全采收。

4. 农业信息的发展趋势

网络化

网络化的主要功能是：实现信息的快速传递和集中处理；共享网络信息资源；均衡负载，互相协作等。对于农业信息系统来讲，其现实作用主要有：极大地扩大信息来源；缩短时空距离；减少信息资源的损耗，特别是减少信息资源量的损耗及质的改变；提高工作效率和能力。

多元化

从农业信息内容的多元化角度看，农业信息将包括农业生产技术研究、普及、推广，农业气象、农业污染，农产品加工、保鲜、包装、运输，交易、贸易政策，进出口信贷计划，市场、预测等一系列内容，而不仅仅限于目前以农业生产、农业政策为主的狭隘内容。从农业信息表述方式、方法的多元化角度看，农业信息应该是文字、声音、图表、图像等的组合。而目前，农业信息的表述仍主要限于文字。当然还应有信息采集、分析、传递、反馈方式的多元化。

模型化

随着电子计算机的发展，模型的建立变得越来越方便和容易。模型在我们的实际工作中的作用首先是预测，如产量预测、病虫测报等。其次是定量化。建立数学模型可以使农业科学这一传统的“经验科学”上升为“量化科学”。再就是可以少走弯路，节省时间和经济费用，解决实验室难以解决的一些问题。

当前农业数据库建设应着重建好农业生产信息数据库、农业市场数据库、农业资源数据库、农业政策法规数据库。

数据库建设的主要内容

农业生产信息数据库的主要内容有农业生产投入、经营、产品、产值、产量、产中、产后信息。

农业市场数据库的主要内容有市场建设、流通、供求、价格行情等信息。

农业资源数据库的主要内容有农业人口、农村劳动力、耕地资源、农业生产条件、农业综合开发、农业能源与环保等内容。

农业政策法规数据库的主要内容有农业及涉农的政策、法律法规等。

三、农业信息化建设

（一）农业信息化建设的意义

第一，信息、知识和智力资源成为农业经济增长的战略性资源。信息、知识和智力的价值得到确认和重视，一般商品和劳动中所消耗的物质比重相对降低，信息和智力劳动的比重相对增加，信息市场构成市场体系中重要的组成部分，信息咨询服务和信息产品的有偿交换成为规范和普遍的市场行为。

第二，促进农业产业结构的升级，传统的高耗，低效型的产业结构将被新兴的低耗、高效的产业结构所代替。以计算机和现代通信技术为主的信息技术在农业上的广泛应用，能促进农业产业化过程实现自动化、信息化、高效益化。传统的农业生产方式因此得到改造，农业生产率将大幅度提高，生产成本下降。农业的粗放式大批量生产和高消耗的生产模式将被高度集约式的“两高一优”生产模式所代替，农业产业化的劳动密集型比重将下降，技术密集型和知识密集型的比重将提高。

第三，现代信息技术改造是农业增长的技术基础，是农业新技术革命的重要突破口，它将改变农业科研的方式方法，大大缩短农业科研的周期；同时，农业信息化将促进现代农业科学技术及成果的迅速推广和普及。

第四，农业信息化将使劳动力的就业结构发生变化，从事农业生产劳动的人越来越少，而从事信息技术劳动、智力知识劳动，包括提供信息产品和信息咨询服务的人将越来越多。

第五，伴随着上述过程，农业经济增长对物质投入的依赖趋于减少，而越来越依靠信息劳动，依靠人的智力和知识的投入。传统农业增长模式带来的生态环境的破坏等弊病随之减少，物质资源大量节约，同时农产品的档次、质量和附加值得以提高。

（二）农业信息化建设的现状和前景

1. 农业信息化建设的现状

农业信息化工作体系初步形成 全国97%的地市和80%的县级农业部门都涉及信息化管理和服务机构，可以直接向农民传递信息的农村信息员已发展到18万人，从上到下初步建立了一支农业信息化队伍，形成从中央到地方的农业信息组织体系。

农业信息网络逐步完善 全国31个省市自治区，农业部门80%左右的地级和40%县级农业部门都建立了局域网，80%乡镇信息服务站拥有计算机并可实现联网。通过多年的努力，覆盖省地县乡的农业信息化网络已经初具规模，以此为基础，正在逐步健全完善农产品检测预警、市场监管和农村市场科技信息服务三个应用系统，进一步提升农业信息化水平。

农业信息资源整合和开发利用得到了加强 已在农业、畜牧、水产、农垦、农机等领域形成近 40 个比较稳定的信息采集渠道，并建立了信息共享机制。从 2002 年开始启动了小麦、玉米等农产品检测预警工作，适时对国内外市场供求走势进行分析预测。从 2003 年开始，面向社会推出经济信息发布日历制度，定期发布各行各业信息，目前全国 4 万个农业产业化龙头企业，17 万个农村合作中介组织，95 万个农业生产经营大户，240 万个农村经纪人都可以得到农业部门的信息服务。

农业信息服务模式不断创新 各地农业部门在实践中大胆探索各种行之有效的农业信息服务模式，农业信息服务电视、电话、电脑“三电合一”的试点，就是广大农村信息工作者的成功创造之一，这种模式能够使信息服务的内容一体化、形象化，有效扩大信息服务的覆盖面，深受广大农民欢迎。对于各地出现的百万农民上网工程，信息进村入企、电波入户、信息公告栏、信息采集、农技 110 等服务模式，广大农民也热情关注，积极支持。信息服务模式的创新，为打通农业信息“服务最后一公里”发挥了不可替代的作用。

2. 农业信息化建设的前景

有助于加快建设现代农业 当前，我国农业正处在由传统农业向现代农业转变的时期，用信息技术对农业生产的各种要素进行数字化设计、智能化控制、精准化运行、科学化管理，能够大幅度减少农业消耗，降低生产成本，提高产业效益。同时，通过现代信息技术的运用和信息引导，可以促进农业科技水平的提高，促进农业产业结构优化升级，促进农业基础设施和发展环境的改善，促进农业增长方式转变和竞争力增强，促进农业全面、协调和可持续发展。

维护农民利益 解决农民的利益问题是“三农”工作的中心任务。开展面向农民的微观信息化服务，可以使农民充分利用得到的技术和信息提高农业生产率，有效化解小生产与大市场的矛盾，帮助农民规避市场风险，减少自然风险带来的损失。开展面向各级政府和有关部门的宏观信息服务，有利于完善政府宏观调控手段，促进资源合理配置，改善农民生产、农产品销售和转移就业环境，特别是通过农业行政审批综合办公信息系统和农业信息网站，可以提高农业行政工作的透明度，让农民更好地掌握各种政策信息和经济信息，既能加强与政府的沟通，又能更有效地维护农民自身的合法权益。

实现城乡统筹发展、促进和谐社会建设 建设和谐社会的重点和难点在农村，农业信息化的发展有利于消除城乡之间信息战略和利用的差别，促进农村市场开拓和城乡协调发展。借助于网络技术可以建立城乡之间的信息传递互动、交换的平等关系，提升农村发展的速度，缩短城乡间的差距；借助通信技术，可以使城乡居民直接分享各种技术知识与市场信息，引导农民改变传统的生产生活方式，促进农民享受现代社会文明的成果，推动科技、文化、社会事业发展。

（三）农业信息化建设的目标

服务于农业可持续发展的方向。农业信息服务的目标不仅是农业经济效益和近期效益，而且包括农业社会效益和长远效益。

促进以现代农业科技为基础的农业生产力的提高，使农业信息资源服务成为农业科技开发与推广的有效依托和坚实基础。具体目标包括建立健全农业科技信息网络，注重与国际科技情报组织的合作与交流，完善信息的加工与传递体系等。

大幅度提高农业的产业化发展水平。一方面，农业信息资源建设要从大处着眼，使市场信息、政府信息和组织信息有效集成，在农业宏观决策中发挥引导、服务和控制作用，最大限度地提高农业的管理水平，降低各种自然风险和市场风险；另一方面，要充分认识企业这一微观实体，制定有利的政策，促使其自主发展，提高农业企业的生产水平和经营管理水平。

科技下乡、为农户提供农业技术咨询服务是信息化建设的组成部分。

（四）农业信息化建设标准

《省、地（市）、县级信息平台及乡镇信息服务站网络建设技术标准》

《农村市场信息数据库及数据库应用系统技术标准》

《农村信息服务点认定标准》。

农业信息化的建设

1. 成立组织

要有一支技术全面的信息化服务队伍，统领全局，指导、培训、督查各个信息服务站点的工作，充分发挥信息服务引领农业生产的重要作用。

2. 健全制度

针对各级信息服务组织要有一套完备的管理服务的考核制度，制定信息员工作职责，定期或不定期对各个信息服务站点的工作进行督促检查，建立年度考核制度，使各站点向农民提供真实有效的信息化服务，引领农民群众的生产经营活动取得显著成效。

3. 齐备服务设施

根据网络化标准，配备供收集信息的电话、电脑、电视及其播报、传递信息的设施设备，如因特网、一站通等，提供网络化服务，方便农民群众了解信息，充分发挥信息化的引领作用。

（五）农业信息化建设的措施

加强组织领导，落实部门责任 组建农业农村信息化行动计划协调小组，负责制定长期发展规划，提出相应方针政策，协调解决农业农村信息化行动实施中的重大问题。充分发挥各部门及相关机构在农业农村信息化工作中的重要作用，尤其要充分调动地方各级政府的积极性，发挥各级行政主管部门的作用，理清思路，明确任务，协同开展面向“三农”的信息服务，促进信息技术在农业农村领域的广泛应用，提高农业农村信息化水平。

加强市场激励，鼓励社会力量参与 坚持政府引导和市场运作相结合，不断完善涉农信息服务的激励机制，支持和鼓励社会各界参与农业农村信息化建设。加强各类涉农信息服务主体的社会责任。加大对农村信息资源开发和内容产业的扶持力度。将“信息下乡”“宽带下乡”纳入政策范围，鼓励企业开展“信息下乡”“宽带下乡”“家电下乡”等活动，发展涉农信息服务业，让农民普遍享受到先进实用、质优价廉的信息服务。

完善标准体系，实现农业农村信息化规范化 研究制定农业农村信息化建设相关标准体系，建立健全相关工作制度，推动农业农村信息化建设规范化和制度化。建立信息采集和发布规范，以及信息分类、编码、数据交换等标准。

制定政策，增加资金投入 研究制定将农业农村信息化投入纳入财政转移支付、农村基本建设预算和农村科教兴农的管理办法和规范，节约投资，保护投资。加大对经济欠发达地区、老少边穷地区的财政转移支付力度，明确农村地区的信息化投入。研究制定电信资费向农村倾斜的相关优惠政策，切实降低农村地区电信资费。加强涉农部门沟通协调，整合利用国家已向有关部门拨付的面向农村信息服务的专项资金，合力推进农业农村信息化建设。探索制定针对农民上网、乡村信息站、研发适合农业农村应用的信息技术产品企业的补贴和从事农村信息化的财税优惠政策，支持和鼓励社会资本参与农村信息化建设，逐步形成中央和地方、政府和企业共同支撑农业农村信息化的投入机制。

建立绩效评估机制，确保农民得实惠 建立农业农村信息化统计与考核评价指标体系、量化考核标准和办法。加强对农业农村信息化项目立项、审批、设计、建设、监理、验收、应用等各个环节的监督和绩效评估。加大宣传推广力度，不断总结推广新的典型和好的做法，组织开展先进农村综合信息服务站和优秀信息服务员考核评估和表彰活动。以农民所得实惠为导向，定期开展农业农村信息化绩效评估。

单元二 农业信息的采集

单元提示

1. 农业信息采集的原则。
2. 农业信息采集的方法。
3. 农业信息聚集的重点。
4. 农业信息采编的方法。

我国农业信息化程度低的原因

一是农业劳动者科学文化素质不高，农业信息专门人才和从业人员的数量不足。

二是地区间、部门间信息收集面窄、传输不畅，标准化和利用程度低。

三是数据库总量不足，结构失衡，欠缺和重复并存，标准不一致，互通互联操作程度低。

四是信息化硬件设施落后，缺乏必要的采集、处理、传输、发布、服务手段。

五是生产领域信息技术应用分散，不够系统和规范，没有形成技术市场和独立产业。

一、农业信息采集的原则

针对性原则

任何信息资源的采集都有一定的目的，在进行采集之前必须明确：采集何种信息，从何处采集，采集的信息将作何种用途等。
采集者应知道所要采集信息资源的服务对象，即信息资源是提供给最终使用者的，还是为信息资源网络系统的上一级处理机构提供原始信息资料的。

准确性原则

准确是指采集的信息要真实可靠。信息真实性如何，直接关系到决策的成败。真实是农业信息工作的生命。信息员采集信息时，必须坚持实事求是、一切从实际出发的原则，不夸大，不缩小，如实反映情况。

及时性原则

信息具有很强的时效性。信息采集要快，“快”是和信息的效益连在一起的。延误时机常常会使信息的价值衰减或消失，甚至出现负效应。信息员必须具有强烈的时间观念，善于“闻风而动、快速出击”，一旦捕捉到有价值的信息，就要快速采集，快速传递，随时随地掌握流通信息。

系统性原则

系统性是在针对性明确的基础上，经过不断地补充和积累而实现的。它包括纵的系统和横的系统两个方面。所谓纵的系统，是指按照事物的发展变化过程进行长期的连续的跟踪采集，使信息不断深化；按学科、专业、专题或部门进行采集，使之系统化。所谓横的系统，是指某些信息要考虑到其他方面或部门的因素，按内容、时间、种类等进行横的采集。只有纵横交错，配合采用，所收集的信息才能完整、全面、系统。

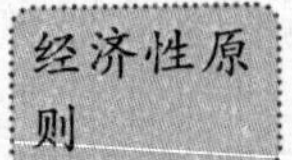

农村信息员在采集信息时，必须注意方式方法，必须注意节约人力、物力、财力，力争用最少的人力、物力、财力，取得最大的调查效果。

农业科技信息可以从以下途径获取

1. 政府机构

由于政府机构具有获取特殊信息的途径，其网站提供的信息一般是权威的，如中国农业信息网提供的市场价格信息就是由农业主管部门采集发布的，信息来自全国 200 多个价格网点的每日价格行情。

2. 科研机构及高等院校

可以访问国内外著名的大学和科研机构的网站，这些网站不仅有许多学术信息，而且还提供相关的链接。这样层层链接下去，搜索的结果将会很可观。

3. 农业出版社

用户喜欢什么书，市场上这类书就畅销。在农业出版社可以买到农户反馈较好的科技图书，如中原农民出版社出版发行的“农民科普丛书”。

4. 图书馆

图书馆藏书丰富而且系统化，拥有适合不同层次及不同专业领域用户的图书。

5. 专业期刊

专业期刊历来都是学术资源的重要来源，目前很多专业期刊都有网络版，不但能够浏览现刊，而且还可以方便地检索过刊。清华同方推出的“中国学术期刊专题全文数据库”收集了国内各个专业领域期刊的文章，利用价值较高。

6. 专家学者推荐的网站

可以调查和咨询专家学者经常使用哪些专业网站获取信息，由此得来的网站利用价值较大。

二、农业信息采集的方法

网络采集法 网络采集法即通过信息网络采集信息。对于需要定期在固定网站上采集的特定信息，可以利用网络机器人Robot定时在指定网站上自动抓取，如中国农业信息网上发布的每日全国各地的农产品价格信息。把Robot作为信息收集的手段，具有自动性，由于访问的是本地服务器，因此浏览速度快，使用方便，增强了信息采集单位搜索收集信息的能力，可以在较短的时间内、较大的范围内收集文档信息。但是，这种自动抓取的内容重点不突出，缺少对信息类型的准确划分，还需要人工干预。

会议采集法 会议采集法即从各种会议上采集信息。现在一般会议都有材料，我们可将材料中有价值的东西加工成信息；没有会议材料的要做好记录。如情况允许，还可以用录音等方式把会议情况保存下来，从中加工出有用的信息。

调查采集法

●观察法 借助自己的感觉器官和其他辅助工具，按照一定的目的和计划，对确定的自然现象或社会现象进行直观的调查研究。如采集农作物生长情况方面的信息，就可以采用这种方法。

●书面采集法 通过调查者向被调查者发放收集材料、数据、图表、问卷来采集信息。如采集群众对某项政策是否拥护等民情、社情方面的信息，就可以采用这种方法。

电话传真采集法及手机采集法 电话传真及手机采集法即通过打电话、发传真来采集信息。在通过电话、传真索取信息时，要向被索要单位讲清报送的重点和把握的角度。

通过走访蔬菜专业户了解蔬菜生产信息。

手机在农村信息化传播中的优势和不足

一是买一部手机比较符合农民的消费观念。

二是对农民来说手机是一种简单、方便的传播工具。

三是手机的移动性、传播范围广，不受时间、地域的限制。手机的这个特点刚好适应了农民分布得比较广、散的特点，只需要不到一秒，千百万农民的信息需求就能得到满足。

四是手机媒体在交互性方面也有着传统媒体无法比拟的优势。传统媒体的主要缺点之一就是信息反馈差而且是事后的，往往无法满足农民的需求。现在随着手机技术的发展，手机具备了上网功能，农民在需要时，可以主动及时地线上咨询、发布信息，这正是手机媒体在农村信息传播中最大的优势。

五是手机传播的个性化、针对性强。手机媒体所拥有的技术平台足以保证其在农村中“一对一”地满足农民的信息需求。

但是，依靠手机为农民传递信息，有时出现的问题也是不能回避的：农民在利用手机获取信息时由于其文化水平较低，接受新事物的能力较慢，手机的优点不会很快显露出来；现在农民的信息意识还不很强，辨别信息的可用性能力也不强，手机信息的大批量传播会让农民有应接不暇之感，甚至会错误使用；目前对农民来说手机功能单一，仅限于通话功能；从技术上来看，手机的信息存储量有限、终端屏幕小、传输速度不够等问题都是手机媒体面临的瓶颈。还有一些其他的问题，如出现的线路质量、话音质量和障碍维修、计费准确性和资费透明度等，也需解决和规范。

这些问题将会削弱农民接受信息的真实度，同时也会打击农民接受信息的积极性。但是应该有信心，手机在发展过程中将会克服这些问题，将其优势发挥到最大限度。

“张总，这里的葡萄我看过了，长势非常好。我拍了几张照片传给你。”

延伸阅读

手机在农村信息化建设过程中的运用

将手机运用到农村信息化建设中的前景是美好的，但这不是某一个部门可以承担的。农村信息化建设应由“政府牵头、各界配合、市场运作、电信实施”。

政府应该加强农村通信基础设施的建设，在农村地区尽快地实现电视、电话、电脑网络的普及。近年来实施的“村村通工程”已经使全国95%的行政村通上了电话，为农村的信息化建设打下了坚实的物质基础。同时，还应该加强农村信息数据库的建设。不断强化、更新农村信息网络的建设，使手机与网络互相配合，发挥更大的作用。

除了政府的作用外，还需要社会各界通力合作：

一是通信公司应针对农村开通一些手机服务，使农民通过声音、文字、图片、视频等多方面获取信息。

二是通信公司与一些涉农机构联合。气象预报、科技种田、果树栽培、家禽驯养、外出务工等信息与农民是息息相关的，这就需要通信公司与相应机构联合起来，加大农业信息资源整合力度。如通信公司与当地的农业部门、气象部门、农业科研机构等涉农机构合作。专家坐镇把关，专门向农民发布相关的农业信息，以回答农民的询问，共同打造农村信息网生产链，建立综合农业信息服务体系，帮助广大农民依靠农业信息致富发展。

三是与传统媒介的联合。如与报纸、电视台、出版社联合，将传统媒体最新、最实用的信息整合、梳理，免费发给农民；还可以让农民通过手机上网去查找、咨询。

阅读采集法 阅读采集法即通过阅读报纸、文件、报告、简报等读物来采集信息。在这些读物中蕴含着大量有价值的信息，我们要善于在纷繁庞杂的文稿中把其中最有价值的内容予以加工提炼，编成信息。

交换采集法 交换采集法即通过与兄弟地区或单位交换资料来采集信息。

农业信息采集分类

1. 定向采集

指在计划采集范围内，对特定信息尽可能全面、系统地采集，为用户提供近期、中期、长期的信息服务。

2. 定题采集

指根据用户指定的范围或需求内容，有针对性地进行采集工作。

3. 单向采集

指对特殊用户的特殊需求，只通过一条渠道，向一个信息源进行具有针对性的采集活动。

4. 多向采集

指对特殊用户的特殊需求，多渠道、广泛地对多个信息源进行信息采集的活动。此方法的优点是成功率高，缺点是容易相互重复。

5. 主动采集

指针对需求或预测，发挥采集人员的主观能动性，在用户需求之前，即着手采集工作。

6. 跟踪采集

指对有关信息源进行动态监测和跟踪，以深入研究跟踪对象，提高信息采集的效率。

三、农业信息采集的重点

农业信息采集的内容

- 自然资源信息：包括生物资源、土地资源、气象资源、水资源、农村能源、自然灾害等内容。
- 农村社会信息：包括农村基础信息、农村教育与文化信息等内容。
- 农村经济信息：包括农村管理信息、农业生产水平信息、农业资金投入信息、农业生产资料信息、农村经济收益分配信息、农业经济技术国际交流与合作信息等内容。
- 农业科学技术信息：包括农业科学与农业技术信息等内容。
- 市场信息：指农产品流通、农产品价格、农产品集市贸易等信息。
- 其他相关信息：指其他与农业有关的信息。

农产品供求信息 农产品供求信息是农产品流通过程中反映出来的信息。采集农产品供求信息，要注意弄清农产品的种类、数量、产地、规格、价格、时效等信息元素。

农业科技创新信息 包括农业生产和农产品流通以及整个农村经济中出现的新情况、好典型等。如成功的科研成果的开发应用、成功的优化种养模式、成功的规模经济典型、农产品流通新举措、农业增效农民增收好的思路做法及其典型等。

农业生产资料供求信息

农业生产资料供求信息可以分为以下几类：

●农用机械设备，包括拖拉机、柴油机、电动机、联合收割机、抽水机、水泵、烘干机、农用汽车、农渔业机船、饲料粉碎机等。

●半机械化农具，又称改良农具，包括以人力、畜力为动力的农业机具。

•中、小农具，指人力、畜力使用的铁、木、竹器等农具。

•种子、种苗、种畜、耕畜、家畜、饲料。

•化肥、农药、植保机械、农用薄膜等。

•农用燃料动力、钢材、水泥及特种设备和原材料等。

•农村信息员要根据农业生产资料供求具有季节性、地域性、更新快等特点，及时采集农业生产资料供求信息，满足农业生产需要。

农村劳动力供求信息 我国农村劳动力流动有其客观必然性，农村信息员要努力掌握其规律，及时采集、发布农村劳动力供求信息，引导农村劳动力顺畅、合理、适度流动。

我国农村劳动力流动包括两方面：一是区域流动，即从一个地区向另一个地区流动。区域流动可分为：农村劳动力从不发达农村向发达农村流动；农村劳动力向城镇流动。二是产业流动，即农村劳动力在三个产业之间流动。产业流动可分为：农村劳动力在农、林、牧、渔四业之间流动；从农业向非农行业流动。

市场价格信息 市场价格信息通畅可以引导农民合理安排农业生产。在蔬菜、畜禽、水果、中草药等生产领域，由于市场供求信息不能及时传递给农户，这些农产品在局部地区经常会出现“卖难贱卖”或“买难涨价”的市场波动现象。可见，市场价格信息对解决“萝卜哥”或“蒜你狠”有重要的现实意义。

土地租赁开发信息 《农村土地承包法》中明确了农民土地承包经营权的流转，规定了该流转权包括转包、出租、互换、转让等权利及方式。这次农村土地使用权有偿、合理流转，必将给中国农民带来巨大的变化。今后，土地租赁开发方面的信息将会有很大的市场，农村信息员要顺应这种变化，关注和采集这方面的信息，积极开拓信息工作新渠道。

农业信息采集技术面临的问题和对策

由于农业经济基础差，农业基层单位用不起新技术，因此农业信息采集技术推广起来有相当的难度。解决的方法应从以下几个方面考虑：

第一，研发适合对路的科技产品。农业生产应用计算机的好处在于提高产量和产品质量，这是手工生产所不能比拟的。

第二，针对不同的使用对象，研发高、中、低不同层面的数据采集科技产品，价格也会有高低之分，这样才有利于推广应用，因为售价往往起决定性的作用。

第三，加强宣传，树立科技兴农、科技强国的观念，引导农户增强使用科技新产品应用于农业生产的意识，促进农产品产量和质量的提高。

农村信息员面对信息采集技术落后的现实，利用网络收集信息是克服技术落后的好对策。

生猪上市价格信息的作用

2012 年 7 月猪肉 32 元 / 千克、毛猪 19.2 元 / 千克，河南省市场猪肉和毛猪的价格分别创下历史新高。一个聪明的信息员总结各方面的网络信息，得到了生猪价格上涨的原因主要有以下几点：

一是养猪要素成本上升导致猪价上涨。2010 年下半年以来我国玉米、小麦、稻谷等主要粮食品种价格大幅度上涨，推高了饲料等养猪成本。豆粕当前价为 3 500 ～ 3 600 元 / 吨，去年同期为 2 500 元 / 吨；玉米当前价为 2 600 元 / 吨，去年同期 1 600 ～ 1 800 元 / 吨；添加剂价格比去年同期也上涨了 20% ～ 30%。在养猪饲料原料中，玉米占 60%，豆粕占 20%，其他原料占 20%。主要饲料原料价格的大幅上涨导致了饲料价格的上涨，据测算，每吨饲料同比增加 620 元，而包括饲料、工人工资、屠宰贩运等各个环节价格的上涨，必然引起生猪和猪肉价格的上涨。而且猪肉的需求价格弹性较低，在一个有效率的市场中必然由消费者承担上升价格的大部分。

二是受生猪生产周期性的波动影响。周期性波动引起的供需失衡导致均衡价格提高。前几年的猪肉价格持续走低，生猪养殖户的亏损比较厉害，在生产者缺乏市场信息和对未来市场缺乏预测能力的前提下，部分养殖场（户）减小规模甚至退出养猪行业，特别是大量散户因为风险而退出养猪行业。

三是成本效益显示此次猪肉价格上涨属正常市场价格现象。据对规模养猪户的调查，以饲养 100 千克生猪计算，每出栏一头猪需投入成本 1 402 元，其中饲料 1 152 元，人员工资、药品、水电等 200 元，其他，包括污水处理、病死、损耗 50 元。而销售收入按目前 19.2 元 / 千克计算，为 1 920 元。即出栏一头猪利润为 518 元，按玉米 2 600 元 / 吨价格计算，猪粮比价为 1 ∶ 5.02，属于正常比价范围。

四是通货膨胀压力影响。5 月我国的 CPI 同比达到 5.5%，6 月 CPI 同比达到 6.4%，在这样的大环境影响下，生活资料价格普遍上涨，生猪价格也被不断推高。

五是生猪存栏量减少。生猪疫病影响导致存栏量下降，据有关部门透露，北方仔猪不明原因的腹泻导致仔猪死亡率达 50% 以上。2012 年 7 月信阳养殖大户朱光明存栏 1 500 头猪，死亡 580 头，另外 920 头也没等到出栏就做了处理。特别是由于前几年生猪市场价格持续低迷，养殖母猪相对周期较长，母猪存栏量下降。另外，随着生猪价格涨势明显，养殖户惜售心理增强，这也对生猪价格上涨起到了助推作用。

通过这个信息，养殖企业很快就可以分析原因，找到降低成本的方法。对于消费者，也弄清了猪肉涨价的原因。

案例导入

河南省 2013 年托市小麦拍卖“搅动”市场神经

随着“双节”临近，面粉销售将进入旺季，加工企业对原料的需求趋于旺盛。河南省 2013 年托市小麦的适时投放，对缓和市场供需、稳定市场麦价将起到积极作用，加之进口小麦数量增加，调剂能力增强，后期麦价难起大的波澜。

从河南省2013年托市小麦的两次拍卖情况看，虽然投放量仅有10万吨，但参拍积极，竞价激烈，成交火爆。一方面说明市场对质优粮源需求旺盛，另一方面也显示当前市场高质量小麦供给仍显偏少。

1. 市场对质优小麦青睐有加

据了解，2013年河南省收获小麦总体质量较好，三等以上小麦接近九成，30多个品种达到优质强筋标准。由于当前市场高质量小麦供给偏少，2013年小麦一投放市场，自然就受到诸多粮食加工企业的青睐。

有市场人士认为，河南省2013年托市小麦竞价相当火爆，成交均价已经基本接近当前小麦市场成交价格，再加上后期出库及其运输费用，到厂价格会略高于目前市场价格，高企的拍卖价格或会引领小麦市场价格走高。

也有市场人士认为，此次2013年新麦入市虽然关注度高，但由于规模较小，预计对小麦价格的影响也将有限。

笔者认为，随着"双节"临近，面粉销售将随之进入旺季，加工企业对原料的需求趋于增加。河南省2013年托市小麦的适时投放，对缓和市场供需、稳定市场麦价将起到积极作用。如果后期小麦价格出现大幅异常走高，国家肯定会加大小麦的出库数量，这将会大大增强小麦市场的稳定预期。

2. 进口增加调剂能力增强

国家粮油信息中心最新预计，2013～2014年度我国小麦进口量将达到650万吨，较上年度高出360.5万吨；美国农业部对华小麦出口预测数据也增加到了950万吨。

7月，我国小麦进口量逾30万吨，环比增长近10万吨；1～7月我国已累计进口小麦逾170万吨。可以看出，进口小麦已成为我国小麦市场重要的供给源之一。

进口小麦数量的增加，虽难以对国内小麦市场形成冲击，但从另一方面看，也必定会相应挤占国内小麦的市场需求份额，市场的调剂与调控能力增加。

四、农业信息采编

（一）农业信息采编的一般要求

信息编写的“五个要点”

一般而言，编写一篇完整的文字信息要注意把握“五要素”，即编写信息的“五个要点”：

第一，要有观点。

第二，编写导语。

第三，记叙事件过程。

第四，分析结果，进行结论。

第五，进行预测或提出建议，即指明事物发展的方向、趋势。

1. 编写好信息的标题

主题鲜明

一条好的信息，不仅需要好的内容，而且需要好的标题。编写信息时，要注意题目的鲜明、生动。

必须吸引人

有些信息常常因为标题的一般化，没有吸引人的魅力，或因为文字冗长，或因为观点不明确，被读者从视线中过滤而失去被采纳利用的机会。

选择好角度

标题范围尽量小些，这样可以写得深入一些，不要面面俱到，什么都写，什么都写不深。要善于抓住最有影响的一点，这样就能够深入下去了。

三个比较

一是在标题的新与旧上的比较。抛弃陈旧老套的标题，选择新鲜独特的标题。
二是在标题的深浅上的比较。抛弃思想肤浅的题目，选取立意深刻的标题。
三是在标题的散与聚上比较。抛弃“大而全”的松散的题目，选取“小而聚”的拔尖标题。

信息标题和新闻标题

一般来说，新闻标题大多出于导语，但有时不仅限于导语表述，而信息的标题一定是主题。新闻标题有时有引题、主题、副题；信息标题大多是一个，有时也有副题。总的说信息标题短而精，引人注目。
济南波利农肥业有限公司张立宁是这样撰写农药信息的：
标题用“好好的甜瓜为什么裂了？”一下子就抓住了瓜农读者的眼球。

好好的甜瓜为什么裂了？

最近一些农民反映在拱棚内种的甜瓜出现了裂瓜现象，笔者来到山东聊城、章丘、济阳甜瓜种植区，实地查看并与农民一起分析了甜瓜裂果的原因。

“现在正是甜瓜上市季节，不知道好好的甜瓜，为什么长着长着就裂了，现在一个大甜瓜就能卖七八块钱，可裂的瓜没有人要。”济阳县徐家湾村一姓刘的瓜农告诉笔者。由于受高温影响，尤其是中午，甜瓜叶片蒸腾水分过快，容易发生生理性失水，出现萎蔫，之后瓜农急于浇水，由于甜瓜接近成熟期，水分突然增大，很容易引起裂瓜，这是造成当前甜瓜裂果的主要原因。

另外甜瓜生长前期农民担心水分过多引起瓜秧徒长，所以都浇水不多，尤其是在甜瓜的膨大期缺水，甜瓜果实在缺水的情况下表面很容易老化，而到了后期，又浇水过多，内部发育过快也容易引起裂瓜。有时，保护地栽培的甜瓜在通风换气时，表皮遇到冷风容易硬化，也能引起裂瓜。在走访调查时我们还发现，前期喷施膨大素的甜瓜，由于使用浓度问题也会引起裂瓜。针对近期出现的甜瓜裂瓜这一问题，建议农民朋友采取以下解决办法：

一是合理浇水，注意浇水时期和浇水量。一方面要及时浇好膨瓜水，促进甜瓜果实膨大；另一方面在浇膨瓜水后，不要一次浇水过大，尤其是在采摘前10天左右尽量不要浇水，防止裂瓜。

二是慎重使用膨大剂。农民在甜瓜花期都有使用植物生长调节剂的习惯，其实只要肥水使用得当，就不需要使用膨大剂。

三是科学施肥。在甜瓜生长中后期及时追肥，适当增加钙肥和硼肥。

四是保护叶片。注意保护果实附近的叶片，利用它们为果实遮挡阳光，避免因阳光直射引起果皮过早老化而出现裂果。也可在果实上盖草、盖叶。

五是喷施微量元素。坐瓜后，结合浇水，用0.3%的氯化钙和0.12%～0.25%的硼酸溶液进行叶面喷施，每隔7天喷一次，连喷2～3次，以补充微量元素的不足。

采写原则

信息采写要遵循简洁、准确、生动活泼的原则。

1. 简洁

即用简明扼要的语言表达充实、精彩的新闻内容，用尽可能少的文字，传达尽可能多的信息量，而且要讲清问题的实质和要害。

2. 准确

传递真实可靠的信息。在叙述新闻信息内容时，时间、地点、人物、事件和数据必须准确无误。表达范围、数量、程度、条件、主次等，必须掌握分寸，不能过头、也不能不及，尤其不能人为地“拔高”“突出”。要全面客观，实

事求是，一切从实际出发。

3. 生动活泼

要讲究表达技巧，力求做到形式新颖，笔调灵活，妙语连珠，情趣盎然，富有思想性、知识性、趣味性。

2. 采写重点

编写综合性信息	综合性信息往往具有代表性，容易被领导做出整体性判断，更容易作为决策的依据。因此，综合性信息容易被利用。
加工高层次信息	往哪一级反馈信息，就要站到哪一级的高度采编信息。这样采编出来的信息才容易被采纳、利用。
捕捉高价值信息	有深度的信息往往能导出一个观点，引出一项政策，解决一个问题。因而它的价值往往高于一般信息，而高价值的信息往往需要信息员的敏锐察觉与主动捕捉。
采编针对性信息	就是要根据使用对象有针对性地编发信息。
提供预测性信息	信息人员要善于在收集方方面面信息的同时，研究预测本单位、本部门、本系统可能出现的新情况、新问题，分别拟制出初步的对策与建议，及时向领导反映。

反馈专题性信息	信息人员要根据农业生产、经营管理的需要，抓住重点，抓住关键点，抓住难点，抓住“热点”，列出专题，制订计划，组织一定力量，花费一定时间，收集有关信息，进行跟踪分析，整理编写，及时予以报道。 这里推荐《如何加强村级国土监察信息员建设（节选）》。该文由安徽省芜湖县国土资源局陶辛镇国土所范先生撰写，值得参考的有两点：一是全国各地村级都在选聘一名国土监察信息员，这是农民信息员又一个就业出路；二是为当好国土监察信息员指明了道路。
报道独家信息	农民信息员发布本地尤其是本村的信息，几乎都属于独家信息。
把握信息反馈技巧	一是对普遍性信息，注意系统分析整理，综合反馈；二是对重大信息，注意重点分析编写，及时反馈；三是对个别信息，注意典型分析编写，专题反馈；四是对一般信息，注意提炼分析，挖掘深度编写，定期反馈；五是对多种信息，注意分层次、分类别进行筛选加工，分别反馈。
提高文字水平	一条好的信息，不仅需要翔实的内容，而且需要好的文字予以表达。

如何加强村级国土监察信息员建设（节选）

（一）国土监察信息员是服务群众的能手。建立村级国土监察信息员队伍后，信息员是群众办事的好帮手。近日村级国土监察信息员胡章东手拿着好几份村民建房报告来到镇国土所、镇村建设办。这些建房报告大都是胡章东代写、村级信息员签名、村支书签署意见后，上报镇国土所和建设办。目前像胡章东这样的村级国土监察信息员活跃在全镇，成为服务群众的好帮手。有了村级国土监察信息员，能及时为群众服务，对不符合条件的建房户在第一关被挡回去。有了村级国土监察信息员，多了个编外“宣传员”，将国土政策法律等上情下达。笔者所在乡镇近年来实施建设用地置换项目，各项目区均有国土信息活跃的身影。沙墩村国土监察信息员奚新宝，这几天忙着到各家各户宣传。国土监察信息员生活、工作在群众中，用他们通俗易懂的语言来阐述国土政策，让群众听了心服口服。去年组织实施的石桥置换项目，涉及133户，村组分散。村级国土监察信息员梁用曙起早摸黑，到各家各户宣传，联系拆迁队，打招呼搬运建筑垃圾等事宜，项目区仅用十多天就完成了土地丈量拆迁工作，且无一例上访。

（二）国土监察信息员是矛盾调解的高手。村级国土监察信息员生活在农村，知张家事，晓李家情，经常走村入户。村级国土监察信息员，往往一身兼数职，有的在村里担任治保主任，有的担任文书，他们在长期的农村工作经验中，积累了丰富的调解经验。在农村涉土地矛盾纠纷中，村级信息员能第一时间赶来，配合基层国土所解决土地矛盾。保太村村民王某与相邻定丰村村民张某因宅基地发生纠纷，王家说这里的宅基地是我家的，张家说这是我家的，双方互相指责对骂，眼看一场矛盾纠纷要升级。保太村国土信息员王绪情和定丰村国土信息员周锐闻讯后，立即赶到两家调解，在镇国土所利于生产、方便生活的原则下合情合理地解决两家宅基地问题，一场宅基地纠纷得以化解。目前，像王绪情、周锐一样的村级国土监察信息员正活跃在陶辛镇，走村串户，构筑了化解基层国土矛盾的“第一道防线”。该镇国土所在全镇22个村中，每村遴选一名政治素质高、热爱国土事业的村民，担任村级国土监察信息员。为提高他们的业务水平，镇国土所还对他们进行现行土地法律政策培训。这些村级国土监察信息员既是配合镇国土所调处农村土地纠纷的调解员，又是土地国策宣传员。该镇在调处土地纠纷中，吸纳德高望重的退休老教师、乡村干部参与矛盾调处，做到了“小矛盾不出村，大矛盾不出镇”，在新农村建设中发挥了维护社会稳定的作用。

（三）国土监察信息员是耕地保护的帮手。村级国土监察信息员通过深入学习国土法律，懂得了农村宅基地申请条件，明白了基本农田保护五不准。保护耕地，是每个公民义不容辞的职责。村级国土监察信息员发现违法用地，及时上报。耕地是民生之本，农民对浪费土地行为深恶痛绝，但长期以来，农民思想狭隘，“事不关己、高高挂起”。农村土地监察单靠几个土管员，不调动农民群众的积极性，解决不了耕地保护的根本问题。村级国土协管员大多是村干部，在本村土生土长，又对本村情况如数家珍，又具有一定威信和工作能力，而且经常接触群众，可以协助国土员做好调查、摸底等基础性工作，及时准确掌握建房、耕地保护情况，为国土员做好相关工作提供积极的帮助，由于问题发现得早，处理得及时，大大减轻了国土员的工作负担。国土资源监察工作是一项涉及面广、执行难度大的工作，也是关系到局部稳定和各方利益的大事。村级国土监察信息员在矛盾调处、土地违法制止等方面发挥了独特作用。村级信息员承良俊发现挖田养殖，立即汇报，第一时间协助国土所进行制止。为处理好土地违法行为，我们严格根据当前有关政策，结合镇情实际，协调各方力量，综合运用各种手段，相互密切配合，联合对违法用地行为进行教育处理，积极做好有关服务，特别是加强对村级组织的引导，从而有效地统一了各方思想，协调好各方利益，达到执法的目的。

（二）农业信息采编注意事项

注意地区概念	错误：经常重复出现“我市”“本市”“我县”等。 解决办法：标题和内容在第一次出现时冠上市县区名。
注意时间概念	错误：经常含糊地出现上月、今天、本周等。 解决办法：与转载时间进行换算，尽量用具体时间。
注意文章分段	错误：全文不分段，网站字小、行距小，不易阅读。 解决办法：提高编辑水平和技巧。

注意学习业务知识

如经常学习并掌握农业和农村经济的一些指标和基本概念，最新的农业政策和法律法规等。业务知识是保障采编高质量农业信息的基础。

注意提高四大能力

一是信息采编能力。

二是重大活动采访报道能力。

三是对外联络协调能力。

四是应急处理能力。应该有网上不良信息应急处理预案。

注意服务的针对性

为了提高服务的针对性，应该对读者进行细分，初步将读者细分为农民、农产品经营者、农业行政管理者、农业经济研究者、网站信息采集者、城市居民及其他用户。

网上不良信息应急处理

网上不良信息应急处理包括内容安全监测、事前预防、现场处理、事后观察等。

内容安全监测和事前预防属于“未雨绸缪”，即在网上不良信息出现前事先做好准备，包括日常监测、风险评估、措施预案、人员保密教育及培训、制定规章制度、事件的监测预警等，因此要严把信息审核关，尤其是严把独家发布的信息审核关。

现场处理和事后观察属于“亡羊补牢”，即在事件发生时及发生后采取的措施，其目的在于把事件造成的损失降到最小，调查与追踪等一系列操作。

延伸阅读

读者分类

1. 农民

需求主要是科技信息、供求信息、价格信息、预测信息、增收信息、政策信息等。特点是文化素质不高，对市场信息的复杂性认识不足；知识准备不充分，对抽象性信息的理解和接受能力有限；主动搜索信息的意识和能力不强；对“致富”类诱导信息或伪劣信息辨识能力差；对风险信息较敏感。

2. 农产品经营者

需求主要是供求信息、价格信息、预测信息、经贸信息、加工信息、政策信息等。特点是文化素质中等，对市场信息会做一些自己的判断；对信息时效性和准确性要求高；对风险信息敏感。

3. 农业行政管理者

需求主要是政策法规信息、会议文件信息、数据信息、资料信息、农业新闻信息、与农业相关的宏观经济信息等。特点是文化素质较高，上网主要是了解动态和收集材料；上网时间有限，对信息要求相对完整，对信息要求可检索。

4. 农业经济研究者

需求主要是资料信息、数据信息、政策法规信息等。特点是文化素质高，主动搜索信息的意识和能力较强；对信息要求相对完整。

5. 网站信息采集者

需求无限。特点就是来我们网上“扒”信息，转登到他们的网上去。

6. 城市居民

需求主要是农产品营养信息、食品安全信息、名特优新农产品知识信息等。特点是不太了解农业信息网络。

7. 其他用户

如证券期货从业人员、农产品市场咨询研究人员、国外用户等。这些用户对信息质量、层次要求高。

（三）如何采写农业新闻

新闻一般包括时间、地点、人物、事情（起因、经过、结果）四大要素。

1. 新闻的结构

标题

标题是新闻的眼睛，它有“居文之首、勾文之要”的作用，是吸引读者阅读兴趣的要素之一。

导语

即开头第一句或第一自然段。用最简洁的文字概括事实核心，把新闻中最重要、最新鲜、最精彩、最吸引人的事实及其主要意义写出来，点出全文的主旨，或者把读者急于了解的问题提出来，打动读者，引起读者的注意，使他们有读下去的兴趣。

主体

即新闻的基本部分，是导语之后、构成新闻内容的主要部分。它对导语所概括的事实或情况，做进一步的解释、补充与叙述，是发挥与表现新闻主题的关键部分。要运用有说服力的、充分的典型材料表现主题，要注意层次清楚、点面结合、精选材料，并且与导语呼应，力求生动活泼。

结语

即新闻的最后一段或最后一句话，它能表达事实的完整性和逻辑的严密性，起着总结全文、揭示主旨，或照应开头启示未来，或发出号召、鼓舞人心的作用。

2. 农业新闻采写的几点要求

准确把握好新闻报道的角度

要善于发现和选取农业新闻的“热点”“亮点”“重点”，从生产、企业、经纪人、普通消费者等各方感兴趣的角度去报道，而且要及时，文字简洁、准确、生动活泼，引人入胜。

准确把握新闻报道的重点

充分宣传本地区农业发展的成果；充分展示农业企业风采；充分宣传新、奇、特、优等高品质产品(农产品)；充分宣传农业新技术给农民带来的益处；充分宣传市场经济条件下，农业如何走向市场，农业等行政管理部门转换职能，提高执政能力，提高为农业服务的水平的可喜成就等。

及时做好农业新闻报道

一是要有新闻记者的敏感性；二是要具备良好的文字功底；三是要有多方面的综合知识，如文字、摄影、农业等知识。

附 农业和农村经济的一些指标解释

粮食安全基本内涵

国家粮食安全包括以下基本内涵：

一是确保粮食总量能够满足全国所有人的需要。

二是确保一个国家所有人在任何时候能够获得所需要的基本粮食。

三是人们获得的粮食，不仅在数量上满足，还要优质、安全（无污染）又富于营养。

四是人们获得的粮食不仅要满足吃饱，而且要满足其积极、健康生活的膳食需要和食物喜好。

（一）国家粮食安全指标

粮食自给率（或粮食贸易依存度） 国际上把一国粮食自给率≥90%（粮食贸易依存度＜10%）定为可以接受的粮食安全水平；一国的粮食自给率≥95%定为基本自给。

粮食储备水平 FAO（联合国粮食及农业组织）把年末粮食储备和商业库存占年度总消费量的17%～18%定为粮食安全最低水平。

粮食产量波动系数 粮食产量波动幅度在一定程度上反映一个国家的粮食安全程度。

人均粮食占有量 一个国家人均粮食占有量越大，表示粮食安全水平越高。

低收入居民的粮食保障水平 增加低收入居民的粮食供给，可以显著地提高一个国家的粮食安全水平。

（二）农村、农业常用指标

乡村户数 指长期（一年以上）居住在乡镇（不包括城关镇）行政管理区域内的住户，还包括居住在城关镇所辖行政村范围内的农村住户。户口不在本地而在本地居住一年及以上的住户也包括在本地农村住户内；有本地户口，但举家外出谋生一年以上的住户，无论是否保留承包耕地都不包括在本地农村住户范围内。不包括乡村地区内的国有经济的机关、团体、学校、企业、事业单位的集体户。

乡村人口数 指乡村地区常住居民户数中的常住人口数，即经常在家或在家居住6个月以上，而且经济和生活与本户连成一体的人口。外出从业人员在外居住时间虽然在6个月以上，但收入主要带回家中，经济与本户连为一体，仍视为家庭常住人口；在家居住，生活和本户连成一体的国家职工、退休人员也为家庭常住人口。但是现役军人、中专及以上(走读生除外)的在校学生以及常年在外(不包括探亲、看病等)且已有稳定的职业与居住场所的外出从业人员，不应当作家庭常住人口。

乡村从业人员 指乡村人口中16周岁以上实际参加生产经营活动并取得实物或货币收入的人员，既包括劳动年龄内经常参加劳动的人员，也包括超过劳动年龄但经常参加劳动的人员。但不包括户口在家的在外学生、现役军人和丧失劳动能力的人，也不包括待业人员和家务劳动者。从业人员年龄为16周岁以上。从业人员按从事主业时间最长(时间相同按收入)分为农业从业人员、工业从业人员、建筑业从业人员、交运仓储及邮电通信业从业人员、批零贸易及餐饮业从业人员、其他从业人员。

乡村劳动力资源数 指乡村人口中劳动年龄(16周岁)以上能够参加生产经营活动的人员。

其他非农行业劳动力 指除上述以外的房地产管理，公用事业、居民服务和咨询服务，卫生、体育和社会福利事业，教育、文化艺术和广播电视事业，科学研究和综合技术服务事业以及在乡村经济组织从事经济管理的劳动力和其他劳动力。

外来从业人员 乡镇从业人员中户籍在外地的乡镇工作人员和乡镇企业外来打工人员。

第一产业从业人员 从事农林牧渔业的从业人员。

第二产业从业人员 即从事工业（包括采矿业、制造业、电力、燃气及水的生产和供应业）和建筑业的从业人员。

第三产业从业人员 即第一、二产业之外的从业人员，包括交通运输、仓储和邮政业，信息传输、计算机服务和软件业，批发和零售业，住宿和餐饮业，金融业，房地产业，租赁和商务服务业，科学研究、技术服务和地质勘查业，水利、环境和公共设施管理业，居民服务和其他服务业，教育、卫生、社会保障和社会福利业，文化、体育和娱乐业，公共管理和社会组织、国际组织的从业人员。

财政供给人数 指本年末在乡（镇）政府、党委、人大等组织所拥有的干部人数，包括聘用人员在内。

农作物总播种面积 指全年各季各种农作物播种面积的总和。现行农业统计制度规定，全年农作物总播种面积是指应该在本年度内收获的农产品的作物的播种面积之和。其计算公式为：本年农作物总播种面积＝上年秋冬播种面积＋本年春播作物面积＋本年夏播作物面积＝本年夏收作物播种面积＋本年秋收作物播种面积。

农作物产量 指本年度全社会范围内生产的农产品的产量，不论计划内外，数量多少，耕地上与非耕地上的农作物产量，都应统计在内。各种主要作物产量按国家的统一规定计算。作为粮食的薯类产量按五斤折一斤计算，城市郊区按蔬菜计算的薯类产量按鲜品统计。

粮食播种面积 指本年度内收获粮食作物的播种面积之和，包括耕地和非耕地上的播种面积。粮食播种面积为谷物、豆类和薯类播种面积之和。

粮食总产量 指全社会的产量，包括国有经济经营的、集体统一经营的和农民家庭经营的粮食产量。

谷物 指稻谷、小麦、玉米、谷子、高粱和其他谷物，不包括薯类和大豆。早稻是指从播种到成熟在120天以内，中稻为120～150天，晚稻为150～180天。其他谷物指除稻谷、小麦、玉米、谷子、高粱以外的一些籽实主要用作粮食的作物，包括大麦、元麦(青稞)、莜麦、荞麦、糜子、黍子等。

油料产量 指全部油料作物的产量。包括花生、油菜籽、芝麻、向日葵籽、胡麻籽(亚麻籽)和其他油料；不包括大豆、木本油料和野生油料。花生以带壳干花生计算。

其他作物 其他作物具体包括绿肥作物、饲料作物、香料作物、苇子、蒲草、莲子、席草、花卉等。

蔬菜产量 指乡镇生产的各种蔬菜，包括菜用瓜、茭白、芋头、生姜等在内的产量。

棉花总产量 按皮棉计算。3千克籽棉折1千克皮棉。不包括木棉。

糖料总产量 指甘蔗和甜菜生产量的合计。甘蔗以蔗秆计算，甜菜以块根计算。

禽蛋产量 本乡镇范围内生产的鸡、鸭、鹅等禽蛋产量之和，包括出售的和农民自产自用的部分。

园林水果 指在专业性果园、林地及零星种植果树上生产的水果（老统计口径水果）。不包括瓜果类。

年末果园面积 指年末专业性果园种植面积。

全年水果总产量 指包括园林水果（老统计口径水果）产量与瓜果类产量之和。

退耕造林面积 指坡度在25度以上（含25度）的耕地停止种植农作物，并进行造林，经过检查验收成活率达85%以上的面积。

耕地面积 指种植农作物并经常进行耕种的土地面积，包括熟地，当年新开荒地、连续撂荒未满三年的耕地，以及当年的休闲地（轮歇地）。以种植农作物为主，并附带种植桑、茶、果树和其他林木的土地以及沿海、沿湖地区已围垦利用的“滩涂”“湖田”等，以及耕地边缘南方小于1米、北方小于2米的沟、渠、路、田埂均作为耕地统计。不包括专业性的桑园、果园、茶园、果木苗圃、林地、芦苇地、天然草原等。

水田 指筑有田埂（坎），可以经常蓄水，用来种植水稻、莲藕、席草等水生作物的耕地。因天旱暂时没有蓄水而改种旱地作物的，或实行水稻和旱地作物轮种的（如水稻和小麦、油菜、蚕豆等轮种），仍计为水田。

水浇地 指旱地中有一定水源和灌溉设施，在一般年景下能够进行正常灌溉的耕地。由于雨水充足在当年暂时没有进行灌溉的水浇地，也应包括在内。没有灌溉设施的引洪淤灌的耕地，不算水浇地。

临时性耕地 指在常用耕地以外临时开垦种植农作物，不能正常收获的土地。包括临时种植农作物的坡度在25度以上的陡坡地，在河套、湖畔、库区临时开发种植农作物的成片或零星土地。《中华人民共和国水土保持法》规定，现在临时种植农作物坡度在25度以上的陡坡地要逐步退耕还林还草。环北京、黑河流域、塔里木河流域等地区临时开垦种植农作物，易造成水土流失及沙化的土地，已列为国家或地方退耕还林还草规划，近年也要逐步退耕。这部分临时性耕地又称待退的临时性耕地。

当年新开荒地 指报告年度内已种上农作物的新开荒地。已开垦但尚未耕种的土地，因实际上没有利用，不计算为耕地面积。

花卉种植面积 指在大田种植的花卉面积，包括设施及盆栽花卉。

当年出栏头数 指农、林、牧、渔企业生产单位饲养的，供屠宰并已出栏的全部牲畜头数。包括交售给国家、集市出售的部分。

用种量 指实际播种使用的自留种子和购买种子、秧苗、树苗等数量及支出。自产的按正常购买期市场价格计算，购入的按实际购买的价格计算。属于生产单位和农户自行育苗所支付的人工、肥料、农药及农膜等支出，应分别计入作物成本的有关项目中，不计入种子秧苗费，以免重复。

饲料饲草 指饲养耕畜的食料。购进的饲草、饲料按实际购进价格计算，自产自采的饲草、饲料按实际支出的费用和用工作价。耕畜放牧中所吃的草不再计算费用。

棚架材料 指用于温室育苗、防寒防冻防晒及农作物支撑物等所发生的不属于固定资产消耗的棚架材料费用，如木杆、钢架、铁丝、草帘、遮阳瓦、防雨篷等费用支出，不包括农膜的支出。使用期限超过一年的，按实际使用年限分摊。

原材料 包括直接材料、辅助材料、修理用零配件、包装材料等。

外雇机械作业费 指雇请拖拉机、播种机、收割机及其他农业机械（不包括排灌机械）进行作业的费用，如机耕、机播、机收、脱粒和运输等项支出。雇请农机站等单位或个人作业的，按实际支付的费用计算，并按各种作物受益面积分摊。

蔬菜大棚 指由塑料膜覆盖，人能在里面作业，以种植蔬菜为主的大棚，按占地面积计算。

农业机械总动力 指用于农、林、牧、渔业生产的各种动力机械的动力之和，包括耕作机械、农用排灌机械、收获机械、植保机械、林业机械、渔业机械、农产品加工机械、农用运输机械、其他农用机械。按能源又分为柴油、汽油、电力和其他动力。总动力按法定计算单位千瓦计算。（注：1 马力＝735.5 瓦特＝0.735 千瓦）

肉产量 指各种牲畜及家禽、兔等动物肉产量总计。猪、牛、羊、驴、骡、骆驼肉产量按去掉头、蹄、下水后带骨肉的重量计算，兔禽肉产量按屠宰后去毛和内脏后的重量计算，可用住户调查资料推算。

大牲畜 主要指牛、马、驴、骡。

家禽 包括鸡、鸭、鹅及其他家禽。在上报出栏头数和肉产量时只报鸡、鸭、鹅的数量。

水产品产量 指本年度内农业企业捕捞的水产品（包括人工养殖并捕获的水产品和捕捞天然生长的水产品）产量。

水产养殖面积 指人工投放鱼、虾、蟹、贝、藻等苗种并经常进行饲养管理的水面面积。

肥料 指农业、林业的生产过程中，所使用的化肥、复合肥、饼肥、绿肥和农作物副产品(如秸秆还田用作肥料)。

化肥按实际购买价格计算；各种化肥用量必须按其有效成分含量折成纯量计算，如磷酸二铵含氮46%，含磷18%，则每50千克磷酸二铵折纯量32千克。

绿肥和农作物副产品的计算按现行制度执行。核算单位为千克或元。

农膜 指生产过程中耗用的塑料薄膜，按实际购买价格计算。其中，地膜一次性计入，棚膜按两年分摊计算。

农药 购买的按实际购买价格计算，自产的按市场价或成本价作价。除草剂费用计入此项。

燃料 指烤制烟叶、烘炒茶叶等初制加工、大棚保暖及自用机械作业等生产过程中所耗用的煤、柴油、机油、润滑油等燃料动力的支出，均按实际支出计算。

农民人均纯收入 指总收入扣除相对应的各项费用支出后，归农民所有的收入。它既可以用于生产、非生产投资，改善物质和文化生产，也可以用于再分配。

纯收入＝总收入－家庭经营费用支出－生产用固定资产折旧－税收－上缴集体承包任务－调查补贴－赠送农村内部亲友的支出。

外雇排灌费 指各种作物应负担的排灌费用。由排灌站排灌的，按实际支付的费用计算。多种作物同时排灌的，排灌费按各种作物用水情况分摊。

农林牧渔业总产出 指各种经济类型的农业生产单位或农户从事农业生产经济活动的总成果。包括农、林、牧、渔业产品总量和劳务活动的总成果（即对非物质生产部门的劳务支出）两部分。

农林牧渔业增加值 指各种经济类型的农业生产单位和农户从事农业生产经营活动所提供的社会最终产品的货币表现。增加值的计算方法有两种，一是生产法：农、林、牧、渔业增加值＝农林牧渔业总产出－农林牧渔业中间消耗；二是分配法：农、林、牧、渔业增加值＝固定资产折旧＋劳动者报酬＋生产税净额（生产税－生产补贴）＋营业盈余。

出售产品收入 指农村集体和农民当年生产而出售的农、林、牧、渔业和工业产品的收入。

增加值

有三种表现形式，即价值形态、收入形态和产品形态。

●从价值形态看，它是常住单位在一定时期内所生产的全部货物和服务价值超过同期投入的全部非固定资产货物和服务价值的差额。

●从收入形态看，它是常住单位在一定时期内所创造并分配给常住单位和非常住单位的初次分配收入之和。

●从产品形态看，它是最终使用的货物和服务减去进口货物和服务。在核算中，增加值的三种表现形态表现为三种计算方法，即生产法、收入法和支出法。三种方法分别从不同的方面反映增加值及其构成。

各产业增加值

第一产业增加值：指农、林、牧、渔业增加值。

第二产业增加值：指工业增加值和建筑业增加值之和。

第三产业增加值：指除农林牧渔业、工业和建筑业以外的其他所有行业增加值之和。

总产出 指常住单位在一定时期内生产的货物和服务的价值总和，反映国民经济各部门生产经营活动的总成果，即社会总产品。

劳动者报酬 指劳动者因所从事的工作而获得的报酬，不论它们是由工资科目开支还是由其他费用科目开支的，不论是以货币形式支付的还是以实物形式支付的。从内容上看劳动者报酬应包括三个部分，即劳动者在生产过程中得到的货币收入、实物收入和隐性收入。具体表现为工资、奖金、福利保险、实物收入及其他收入。

固定资产折旧 固定资产折旧反映的是在生产过程中损耗和转移的固定资产价值。

（三）“菜篮子”批发市场价格分析一般术语

市价趋势 市场用“市价”来表示买卖双方的意见，在这些意见下可以产生交易。重点放在卖方的意见。市场报告中所用的市价术语主要显示在某种情况下，先前状况及价格与预测的未来状况的比较。

对于蔬菜和水果市场报告来说，不可能像报告家畜及其他商品那样，用元和分来显示价格波动范围。商品包装、品种、规格等不同，价格变化也不同。

市况坚挺 价格高于前期交易价格，并且报告员认为价格还未达到最高水平，有继续上涨趋势。

市价显著上涨 价格显著高于前面交易日的价格。

市价上涨 大部分销售价格高于前期交易价格。

市价略涨 表明价格上涨不明显，比用“上涨”时缺乏普遍性。即使价格范围可能不上涨，但在价格范围内的高价位上，销售量较大，形成明显的价格“大概”要上涨的态势。如果价格区域较高、大部分价格不是不合适就是不变，那么也使用这条术语。

市价不定 就价格或趋于上涨或趋于下降而论，很少用这个术语。

市价稳定 价格与前期相比保持不变。

市价基本稳定 这是个最常用、最适当的术语，因为很少出现连续两天或更多天市价保持完全不变。

市价呆滞 价格与前期相比基本不变，交易不活跃，说明销售很少。这个术语只在批发市场交易不活跃、需求很弱时使用。

市价勉强稳定 表示由于需求减少、弄不清供应、未来供应量可能较大等原因，大部分卖主信心下降。价格维持在前一天的水平，但普遍存在疲软的趋势。

市价略降 表示价格下降，但不到使用“下降”一词的程度。尽管价格区域可能不下降，但在区域内较低的价位上销量较大，形成明显的价格“大概”要下降的态势。

市价下降 表示大部分销售价格比前期下降。

市价大幅度下降 表示价格比前期显著下降。

市价疲软 表示下降的趋势。价格在一定程度上比前期下降，而且在接下来的交易日中可能继续下降。

市价低迷 这个术语只在最不寻常的情况下使用。它描述的是以下状况：市场上的易腐商品供应过剩，如果不以特别低的价格出售就卖不出去，有时几乎按任何报价出售。

供给与需求 供给是指在当前市场价格上的有效产品量，为当时的贸易提供的特定商品的现有的数量，包括当期的产量和上期末的库存。

需求非常好 供给被迅速地消化吸收。

需求好 由于对部分买主有可靠的信心，市场总的来讲条件是好的，交易要比平常更加活跃。

需求适中 买主购买兴趣和交易处于一般水平。

需求弱 需求低于一般水平。

需求非常弱 几乎没有买主对交易有兴趣。

需求低迷 指处于一种迷失了市场走向、市场动荡不定的境地。

单元三
农业信息的处理

单元提示

1. 农业信息的整理。
2. 农业信息的分析加工。
3. 农业信息的服务。

一、农业信息的整理

农业信息整理就是将杂乱无序的农业信息进行筛选、分类、归纳、排序。

（一）农业信息整理的目的和要求

整理的目的 就是减少农业信息流的混乱程度，提高信息资源的质量和价值，建立信息资源与用户的联系，节省社会信息活动的总成本。

整理的要求 就是使农业信息内容有序化，信息流向明确化，信息流速适度化，信息数量精约化，信息质量最优化。

（二）农业信息整理的方法

1. 优化选择

优化选择就是根据用户需要，从社会信息流中把符合既定标准的一部分挑选出来的活动，是信息内容、传递时机、获取方式等信息流诸要素与用户需要相匹配的过程。

优化选择的标准和方法

一般来说，优化选择的标准主要有相关性、可靠性、先进性、适用性。

优化选择的主要方法有比较法、分析法、核查法、引用摘录法、专家评估法等。

2. 确定标识

就是要确定该信息所具有的区别于其他信息的基本特征，并以适当的形式描述，使其成为该信息的标识。我们通过分析信息的主题概念、款目记录、内容性质等标引对象的特征，为它们赋予能够揭示有关特征的简明的代码或语词标识。

3. 组织排序

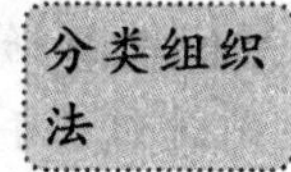

是依照类别特征组织排列信息概念、信息记录和信息实体的方法。如将农业信息分为种植业、林业、畜牧业、渔业等，种植业又可分为粮食、棉花、油料、蔬菜等；也可将农业信息分为生产信息、技术信息、政策信息、供求信息等。

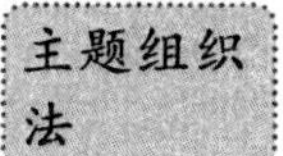

是按照信息概念、信息记录和信息实体的主题特征来组织排列信息的方法。如主题目录、主题文档、书后主题索引等。

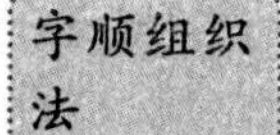

是按照揭示信息概念、信息记录和信息实体有关特征所使用的语词符号的音序或形序来组织排列信息的方法。各种字典、词典、名录、题名目录等大多采用字顺组织法。

号码组织法

是按照信息被赋予的号码次序或大小顺序排列的方法。某些特殊类型的信息，如科技报告、标准文献、专利说明法等，在生产发布时都编有一定的号码。

时空组织法

是按照信息概念、信息记录和信息实体产生、存在的时间、空间特征或其内容所涉及的时间、空间特征来组织排列信息的方法。

超文本组织法

是一种非线性的信息组织方法。它的基本结构由结点（NODE）和链（LINK）组成。结点用于存储各种信息，链则用于表示各结点（即各知识单元）之间的关联。

4. 改编重组

汇编法

汇编是选取原始信息中的篇章、事实或数据等进行有机排列而形成的，如剪报资料、文献选编、年鉴名录、数据手册、音像剪辑等，运用汇编法。

摘录法

摘要是对原始信息内容进行浓缩加工，即摘取其中的主要事实和数据而形成的二次信息资源。

综述法

综述是对某一课题某一时期内的大量有关资料进行分析、归纳、综合而成的具有高度浓缩性、简明性和研究性的信息资源。

农业区位分析的四个层面

在进行农业区位分析时，要把握住各区域具有递进关系的四个层面进行分析理解：一是农业主要区位因素；二是影响某一地区农业区位的主导因素；三是区位因素是不断变化的；四是进行农业区位选择时，既要注意经济效益，同时又要考虑社会、环境、生态效益，这是可持续发展战略的要求。

农作物环境影响因素

影响因素				举　例
自然条件	气候	热量	种类、分布、复种制度	棉花分布（新疆）
		光照	品种产量	分喜阴、喜光作物
		水分	分布区	水稻、小麦不同分布
	土壤		肥沃、单产高	温带草原、冲积平原
	地形		规模、机械化、水利化	平原与山区
社会经济条件	市场		需求决定类型、规模	关注动态、发展需求
	交通		运费影响经济效益	易腐产品
	政策		政府制定、调整生产	响应政策、发展生产
	技术		改进技术、提高单产	降低产销距离的影响

二、农业信息的分析加工

1. 信息分析加工的主要内容

分类

将分散、无序的信息资料按照问题、时间、地点或一定的目的要求，分门别类，排列成序。

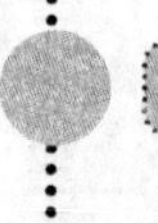

比较

对各种信息资料进行比较，衡量它们各自的价值。同时，也可以把这些信息与决策或管理的需要相对比，判断其是否符合要求。

鉴别

对信息的准确性、可信度进行鉴别，并对信息的含量、价值、时效性等方面进行评估，以便决定是否进行加工和使用。

计算

对数据状态的原始信息进行加工运算，从计算中得出新的数据。

研究

信息加工者通过智力分析和脑力劳动，从大量错综复杂的信息中形成新的概念、观点。

编写

将加工后的信息资料编写成书面信息资料。这是信息加工中最重要的内容。

2. 信息分析加工的重要性

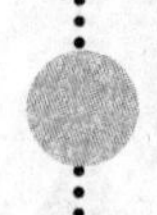

鉴别真伪

在大量的原始信息中，不可避免地存在着一些假的信息，只有认真地筛选和判别，才能避免真假混杂。

分门别类

最初收集的信息是一种初始的、凌乱的、孤立的信息，只有对这些信息进行分类和排序，才能有效地利用。

实现增值

通过信息的加工，可以创造出新的信息，使信息具有更高的使用价值。

3. 信息分析加工的工作程序

选题	选题就是选择信息分析课题，明确研究对象、研究目的和研究内容。选题要有针对性、新颖性、独创性和可行性，要针对农业农村工作中的热点、难点问题选题，要围绕农业增效、农民增收进行选题，要环绕农业结构战略性调整、农村政策的贯彻落实情况进行选题。
设计研究框架	课题一经确定，就要设计出一整套科学、合理的研究方案和工作框架。这就要求信息分析工作的组织者运用系统分析的方法来组织和管理整个信息分析过程，构建信息分析全过程的结构框架。
信息收集与整序	信息分析工作的前提是充分掌握与课题有关的信息资料及信息收集的途径和方法。信息整序则更加强调优化选择和改编重组，注重信息的可靠性、先进性和适用性。
信息分析与综合	分析与综合的结果要与选题的针对性相呼应，应能回答进行该项研究所要解决的主要问题。对农业信息的分析与综合要特别注意信息的可靠性和真实性，要在调查研究基础上进行，要进行横向比较和纵向比较。
编写研究报告	一般来说，研究报告是由题目、文摘、引言、正文、结论、参考文献或附注等几部分构成的，并应包括以下主要内容：拟要解决的问题和要达到的目标，背景描述和现状分析，分析研究方法，论证与结论等。
反馈	专职信息分析人员应当重视社会实践对信息分析成果的检验、跟踪其反馈信息。

4. 信息分析加工的方法

信息联想法

信息联想法就是从信息联系的普遍性上去进行思维加工，从离散的表层信息中识别出相关的隐蔽信息，明确信息之间的相互联系，由此组合产生出新的信息。常见的信息联想法有比较分析、逻辑分类、触发词、强制联想、特性列举、偶然联想链、因果关系、相关分析、关联树和关联表、聚类分析、判别分析、路径分析、因子分析、主成分分析、引文分析等。

信息综合法

信息综合法是指在深入分析有关研究对象的各种信息的基础上，根据它们之间的逻辑关系进行科学的概括，从而将这些信息有机地结合起来，形成一种新的统一的认识，达到从总体上把握事物的本质和规律的目的。如：将各地一年春播情况综合成全省春播信息。常见的信息综合法有归纳综合、图谱综合、兼容综合、扬弃综合、典型分析、背景分析、环境扫描、系统辨识、数据挖掘等。

信息预测法

信息预测法是指根据过去和现在已经掌握的有关某一事物的信息资料，运用科学的理论和技术，深入分析和认识事物演变的规律性，从已知信息推出未知信息，从现有信息导出未来信息，从而对事物的未来发展做出科学预测的方法。如：农作物产品产量预测。常见的信息预测法有逻辑法、趋势外推、回归分析、时间序列、马尔柯夫链、德尔菲法等。

信息评估法

信息评估是在对大量相关信息进行分析与综合的基础上，经过优化选择和比较评价，形成能满足决策需要的支持信息的过程，通常包括综合评价、技术经济评价、实力水平比较、功能评价、成果评价、方案选优等形式。

天气预报信息评估

“2002年5月10日凌晨3点到6点，全县16个乡镇普降暴雨，降水量200～300毫米。”

信息分析：利用比较分析法，全县16个乡镇在3个小时内集中降雨200～300毫米，比正常情况降雨量超出很多倍，属特大暴雨，为严重的自然灾害。查找历史记录，看看是否有比这更严重的降雨情况，若无则这次降雨属最严重的自然灾害。利用因果关系分析法分析，如此集中的大面积的暴雨袭击必将给农业生产、人民生活造成极大损失，因此要进一步进行灾情及损失情况调查。利用相关分析法分析，大面积的强降雨，对夏粮、油菜、早稻苗田、棉花育苗等必将造成极大影响。

全县农民人均收入信息评估

“今年1～6月，抽样调查全县农民人均现金月收入分别为248元、125元、89元、78元、196元、208元。”

信息分析：进行综合汇总分析，汇总上半年全县农民人均现金收入为1 044元。利用比较分析法分析，与去年同期对比，看今年农民现金收入是增还是减。利用因果关系分析法，分析造成今年农民现金收入增减的原因。利用信息预测法，预测全年农民现金收入情况。

水稻产量信息评估

“今年全市15万公顷中稻，预计总产135万吨。”

信息分析：通过计算这年中稻的单产为600千克/亩。利用比较分析法分析，今年与去年相比，看中稻面积、单产、总产增减情况。利用因子分析法，分析造成今年中稻增减产的原因，因面积增减而增减产多少，因单产提高或降低而增减产多少，各占增减产总量的比重。与近几年全市中稻生产情况相比，中稻单产是否稳步提高。利用因果分析法，分析今年中稻面积增减的原因、单产增减的原因。

延伸阅读

农业信息资源开发的方法

农业信息资源开发的方法主要由信息分析、信息综合和信息预测三类方法组成的，信息分析是手段，信息综合是目的，信息预测是发展，综合起来形成三位一体的结构。

1. 信息分析

将概念化的用户信息需求分解为各种简单要素及其关系，然后分别进行研究，找出其中的主要因素及其关系，并以此为依据组织信息资源的方法。信息分析主要包括要素分析、矛盾分析、结构与功能分析和动态平衡分析等。

要素分析法是将作为整体的特定信息需求及其对应的信息资源分解为各个简单的要素，并分别进行研究。

矛盾分析法是找出构成一个事物的若干要素之中的两个或几个主要的要素，它们之间的关系就形成了该事物的主要矛盾。

结构与功能分析法，在组成事物的若干要素之间有主要矛盾关系也有次要矛盾关系，所有这些矛盾关系的总和就是事物的结构，事物的结构通常是由功能所决定的或依功能而变化的。

动态平衡分析法，作为系统的信息需求及相关信息资源总是存在于更大的系统之中，总是与周围其他系统进行着不间断的交流，总是在动态发展中寻求平衡。

2. 信息综合

将与特定用户信息需求相关的零散的信息资源通过归纳整理，依据一定的逻辑关系，效用交联或形式关联，组成能够反映事物全貌和全过程并能满足用户信息需求的信息资源的过程。

（1）主题综合　围绕某一主题集约信息资源并形成信息资源开发的办法。

（2）归纳综合　依据归纳逻辑从大量信息资源中推导、衍生新知识新结论，从而形成信息资源开发的方法，它是高层次信息资源如综述类、述评类信息资源开发常用的办法。

（3）模型综合　模型本身是一种结构，依据模型组织信息资源是开发信息资源的行之有效的方法。例如：可根据统计模型组织数据，可根据管理过程模型“计划—组织—指挥—控制—协调”集约信息资源等。

（4）移植综合　将相关学科的理论、方法或模型移入目标学科，在交叉渗透的过程中实现综合的方法。例如：大众传播学就是在引入行为科学、信息科学、新闻学的基础上结合传播实践，综合相关信息资源所形成的学科理论。

3. 信息预测

在综合大量信息资源的基础上，归纳总结出信息资源所表征的事物的发展规律，并根据这种规律预测未来一段时间内事物发展趋势的一种方法。

（1）时间预测法　根据事物在时间序列中呈现的节律性、周期性和连续性等特征，由已知推测未知，由现在推知将来的一种方法，趋势外推法、指数平滑法等都是时间预测法。

（2）空间预测法　根据各种要素在空间的集聚及其变化情况预测物质、能量、信息乃至人口的空间转移走向的一种方法。例如：科技史中对科学研究中心转移规律的研究就涉及空间预测。

（3）德尔斐法　充分开发利用专家的潜在信息资源以测知未来的方法，目前各地区的社会经济规划方案的确立就常常采用德尔斐法。如从晚稻的品种、长势等情况预测晚稻的单产。

信息分析、信息综合和信息预测是一个方法整体，在实际的信息资源开发过程中，它们常常以不同的组合形式出现。例如：开发索引类信息资源多采用信息分析为主、信息综合为辅的方法组合，开发预测类信息资源时涉及信息的分析、综合和预测，可谓多方法组合。

计算机加工信息的工作过程

一是根据信息类型和加工要求选择合适的计算机软件或自编程序。做好输入数据的准备。

二是信息输入。

三是信息加工。

四是信息输出。

五是信息存储。

三、农业信息的服务

农业信息服务的类型

一是基于信息检索的传播和服务，或称为信息资源提供服务；

二是基于信息资源开发的传播和服务，或称信息咨询服务；

三是基于现代信息网络技术的网络信息资源提供和开发服务，这是前两类服务方式在网络环境中的集成与统一。

（一）信息资源提供形式

广播电视节目的播放，如中央电视台七频道农业节目的播放。

图书的出版发行，发行可看作出版活动的延伸，是出版部门的信息资源提供服务，如《湖北农村统计年鉴》《湖北年鉴》等的出版发行。

图书、图片或档案展览。

报纸和杂志的发行，如《农民日报》《市场报》《中国农业信息化》等的发行。

新书通报。

图书馆藏书的外借和阅览。

档案的开放和提供利用。

文献复制服务。

信息发布服务等，如召开信息发布会，信息网上发布。

（二）信息咨询服务方法

观众或听众热线解答，如农业专家热线，当阳农业 110 服务中心。

出版发行书目报务。

报刊论文索引服务。

图书、档案馆藏线索咨询服务。

事实、数据咨询服务。

定题情报服务。

进行科研项目追踪服务。

信息预测服务，如对主要农产品市场供求预警分析等。

用户教育服务等。

（三）网络信息资源提供和开发服务的主要形式

图文信息电视广播服务。

电子出版物和电子杂志的发布。

电子函件。

电子公告板服务。

联机公共目录查询服务。

光盘远程检索服务。

远程电视会议服务。

用户电子论坛。

用户点播服务。

网络信息服务等。

单元四
农业信息的传播

单元提示

1. 信息三大传播方法及各自的优势。
2. 信息网络传播的优缺点。
3. 图书媒介在农业信息传播中的应用。
4. 网络销售的技术手段。

一、印刷传播

（一）报纸媒介

1. 报纸媒介的优点

报纸在编辑方面的优势

- 报纸的版面大、篇幅广，可供广告主充分地进行选择和利用。
- 报纸的特殊新闻性，能够增加报纸广告的可信度。
- 报纸的编排灵活，使得广告文稿改换都比较方便。

报纸在内容上的优势

- 报纸的新闻性强、可信度较高。
- 报纸的权威性较高。
- 报纸具有保存价值。

报纸在印刷方面的优势

●报纸能够图文并茂。

●报纸印刷成本较低。

报纸在发行方面的优势

●报纸的发行面广，覆盖面宽。在我国，报纸是主要的媒介形式。发行量大，传播面广，读者众多，遍及社会的各阶层。

●报纸的发行对象明确，选择性强。报纸的发行区域和接受对象明确，发行密度较大。

●报纸的信息传播迅速，时效性强。在我国，报纸有旬报、周报、日报、晚报、晨报等形式。报纸的出版频率高和定时出版的特性，使得信息传递准确而及时。

2. 报纸媒介的缺点

●报纸在编辑方面内容繁多，易导致阅读者对于广告的注意力分散。加之由于版面限制，经常造成同一版面的广告拥挤不堪，也会影响读者的阅读。

●报纸在内容上众口难调。报纸并不是根据人的职业和受教育程度来发行和销售的，因此，在不同年龄、性别、职业和文化程度的人那里，报纸的作用是不尽相同的。

●报纸在印刷上比较粗糙，色彩感差。在我国，报纸多黑白印刷，彩色印刷尚未普及。受到印刷水平的限制，在文字和图片上质量较粗糙，在图片色彩上比较单调。

●报纸在发行上寿命短暂，利用率较低。由于报纸出版频繁，使每张报纸发挥的时效都很短。一般情况下，许多读者在翻阅一遍之后即顺手弃置一边。

（二）图书媒介

图书传播信息的特点 图书是用文字、图画和其他符号，在一定材料上记录各种知识，清楚地表达思想，并且制装成卷册的著作物，为传播各种知识和思想、积累人类文化的重要工具。它随着历史的发展，在书写方式、所使用的材料和装帧形式以及形态方面，也在不断变化与变更。

图书媒介的优点

- 时效性长：图书的阅读有效时间较长，可重复阅读，它在相当一段时间内具有保留价值，因而在某种程度上扩大和深化了广告的传播效果。
- 针对性强：每种图书都有自己的特定读者群，传播者可以面对明确的目标公众制定传播策略，做到“对症下药”。
- 印刷精美，表现力强。

图书媒介的缺点

- 出版周期长：出版周期大都在一个月以上，因而即效性强的广告信息不宜在图书媒体上刊登。
- 声势小：无法像报纸和电视那样造成铺天盖地般的宣传效果。
- 理解能力受限：像报纸一样，不如广播电视那么形象、生动、直观和口语化，特别是在文化水平低的读者群中，传播的效果受到制约。

农民信息员如何用好农业科技出版物

1. 选好图书版本

图书都有目标读者，一本书是养鸭的，可以让养鸭专业户阅读，甚至帮助专业户联系图书的作者解答难题。

2. 节选图书内容

很多服务三农的信息可以从图书中获得，农民信息员要用好农家书屋，把好的图书介绍给农民，把好的内容节选出来，如《基本公共卫生健康宣传手册》，信息员可以把其中与村民健康有关的内容抄到墙报上。

二、电子传播

（一）电子广告

1. 广播广告媒介

广播广告媒介的优点

●广播的信息传播迅速，时效性强。在四大传播媒介中，广播是最为迅速及时的媒介。

●广播的信息受众广泛，覆盖面大。由于广播不受时间和空间的限制，只要有收音机就可以收听。

●广播的信息传播方便灵活，声情并茂。广播信息传播方便灵活，可以运用语言的特点吸引听众。

●广播的制作简便，费用低廉。广播广告从写稿到播出可谓制作简易，花费较少，在各种广告媒介中，广播广告收费最低，最为经济。

广播广告媒介的缺点

●对于需要表现外在形象的产品，广播媒介难以适应。因为广播毕竟无形，听众不能看到产品的外观、色彩和内部结构，难以引起人们对产品的视觉印象。

●广播的信息转瞬即逝，不易存查。广播广告传播及时迅速，但稍纵即逝。特别是在听众对广告内容无心理准备的情况下，难以记忆下来广告的内容。

●广播盲目性大，选择性差。在西方国家的一些传播学和广告著作中，把报纸、杂志等印刷媒介称为“选择性媒介”，把电子传播媒介，如广播、电视称为“闯入型媒介”。他们之所以这样称谓，是因为报纸、杂志等印刷媒介，读者一拿到它，就会尽可能有选择地去阅读自己感兴趣的节目和内容。

2. 电视广告媒介

电视广告媒介的优点

●电视集字、声、像、色于一体，富有极强的感染力。电视是综合传播文字、声音、图像、色彩、动态的视听兼备媒介。既具备报纸、杂志的视觉效果，又具备广播的听觉功能，还具有报纸、杂志、广播所不曾具备的直观形象性和动态感。

●电视媒介覆盖面广，公众接触率高。在我国，随着现代化科技的发展，电视传播网已经形成，电视台的覆盖面极广，收看率也很高。

●电视媒介信息带有较强的娱乐性，易于为受众接受。电视媒介在四大媒介中，最具有娱乐性。电视在我国已经成为家庭中不可缺少的娱乐工具。

电视广告媒介的缺点

●电视媒介信息稍纵即逝，不易存查。电视媒介作为特殊的电波媒介，带有电波媒介转瞬即逝，难以存查的局限，当观众不是聚精会神地认真观看广告节目时，电视这一局限就十分明显。

●电视媒介的费用昂贵，制作成本较高。所谓费用昂贵，一是指电视广告片本身制作成本高，周期长；二是租借这种媒介的费用高。

（二）网络媒介

网络媒介的优点

●网络媒体具有很好的开放性以及很高的信息共享度：它面对的是一个信息的海洋，普通的网络使用者都可以为互联网络提供信息，它承载信息的扩充性是无限的。这种信息共享无疑大大丰富了网络媒体的信息量，信息的深度和广度都大大增强。这是传统媒体无法做到的，随着网络媒体专业化程度的不断提高，这种优势体现得也就越明显。

●网络媒体具有便捷检索性和互动性：人们在浏览互联网查阅信息时，最直接的好处就是根据自己的需要去主动地查找信息资料，各取所需。有了互联网，受众成为信息传播的主导者，甚至还可以借助电子邮件、BBS

等信息交互工具，发表自己的看法，回馈给传播者，这是网络媒体最突出的优势所在。

●网络媒体的信息发布过程简易，运营成本低廉：传播者在互联网络上发布消息，只需要在与网络相连的服务器上放置相应的计算机代码。相对于其他的传统媒体来说，传播者传播信息的过程大大简化。因此，相对于传统媒体来说，网络媒体的运营成本很低，小而灵活。

案例导入

王老吉网络营销高招

在利用网络进行传播和宣传方面，王老吉是一个非常成功的案例。2008年5月12日，汶川地震发生，在5月18日的赈灾募捐晚会上，1亿元的巨额捐款，让“王老吉”背后的生产商——广州加多宝集团一夜成名。就在加多宝宣布捐款1亿元的时候，社会公益产生的口碑效应立即在网络上蔓延，许多网友第一时间搜索加多宝的相关信息，王老吉的知名度迅速提升，随之而来的企业形象也无限放大。加多宝集团通过在网络上的宣传，使众多的网友获得信息，树立了集团形象，赢得了人气。

网络媒介的缺点

●风险大：人们在享受着网络带来的方便快捷的同时，也面临着来自网络的风险。在网络中，由于信息的不对等性和系统的漏洞，会对接受者造成意想不到的危害。

●成本高：一是大多数农民买不起计算机，也就难以获取农业信息；二是信息使用费用高，每年平均要支付信息宽带费600余元，对于普遍农民还是难以支付如此高的费用。

●传播效率和接手限制：农业信息的传播效率不高，信息接收方式落后。其主要表现是信息大量出现“站多客少”、信息服务不接轨的问题。

●信息网络人才缺乏：由于网络媒体自身的特征，网络媒体对受众的阅读、语言和专业操作能力方面提出了更高的要求，影响了互联网在农村的普及。

●对虚假信息和不利信息的处理非常棘手：由于信息发布者可以采用假名，并且网络信息发布商和论坛非常多，对这些信息的阻截不会有太大成效，对流言和恶语无法有效地直接制止。

●垃圾信息导致相关公共关系调研的效果大打折扣：某网站的改版调查中，有效回收只占全部发放调查册的35%左右，严重影响了形象调查。

●安全危机时刻出现：网络病毒和黑客已经成为企业信息的重要威胁。包括反病毒公司等网络安全组织都曾遭遇"黑客门事件"，不但影响公众的访问，还直接或间接地影响了企业的形象。

网络病毒需防范

2006年10月，被告人李俊从武汉某软件技术开发培训学校毕业后，便将自己以前在国外某网站下载的计算机病毒源代码调出来进行研究、修改，在对此病毒进行修改的基础上完成了"熊猫烧香"电脑病毒的制作，并采取将该病毒非法挂在别人网站上及赠送给网友等方式在互联网上传播。"熊猫烧香"病毒具有本机感染功能、局域网感染功能及U盘感染功能，并能中止许多反病毒软件和防火墙的运行，中了该病毒的电脑会自动链接访问指定的网站、下载恶意程序等，给用户带来了不同程度的危害。

如何有效地发布供求信息

一是发布供求信息的是B2B网站，在选择发布的资源的时候选择大型的综合性B2B网站和与自己行业相关的行业性B2B网站。

二是认真编写每一条信息，包括信息的标题和内容。在发布信息的时候保持信息的完整性，添加图片，图文并茂。

三是不发布违规违法信息，用 SKYCC 组合营销软件进行信息多发。

崇左市力推沼气池建设 “点亮”美丽乡村

崇左市以开展“美丽广西·清洁乡村”活动为契机，以农村户用沼气和大中型沼气集中供气工程为切入点，以改厨、改厕、改圈、改路、改水和改庭院配套建设为载体，大力推进沼气池建设，进一步改善群众生产、生活环境，“点亮”美丽乡村。

发展大中型联户沼气工程是新农村建设的重要内容，也是农村沼气发展的方向。崇左市根据农村养殖结构由家庭养殖向专业养殖规模化养殖的发展趋势，以大中型养殖场为依托发展联户沼气建设，进行集中供气，满足缺原料、缺场地农户对使用沼气的需求，提高入户率和使用率，解决了规模化养殖排污问题。同时，崇左市积极推广新能源，实现多能互补。在发展沼气的同时，开展多种农村可再生能源建设。截至目前，全市新建成大中型沼气工程1处，填补了无大中型沼气工程的空白；小型沼气工程3处，供气180户；省柴节煤炕连灶38.6万户。同时，还在大新、天等开展了太阳能路灯、太阳能热水器、太阳灶试点，逐步构建“以沼气为主、多能互补”的农村节能减排格局。

沼气建设的生命和效益在于质量，而建设质量的好坏取决于施工人员的水平。为此，崇左市不断加大沼气技工培训力度，严格实行行业资格准入制度，确保施工人员持证上岗，做好规划设计，在施工中严把质量关，确保建成一座，用得一座，夯实农村能源建设基础。2003年建市以来，共举办农村能源职业技能鉴定培沼班200期，累计培训“沼气生产工”4 091人，培训农民技术员达883人。据统计，截至6月底，全市累计建设户用沼气池28.46万座，沼气入户率达77.83%，多年来持续排名全区第一。

这个信息的标题好，关键词是沼气、点亮、美丽乡村，很吸引眼球。

三、实体传播

（一）赠品传播

赠品传播即以赠品为号召促进信息的传播。赠送样品的传播，也可以归入这个范围。

（1）赠送给消费者的广告礼品　礼品上的广告面向消费者，因一次性制作的数量较大，故造价较低，如广告纸巾、广告杯、广告扇子等。

（2）赠送给经销商的广告礼品　根据用途又分为两种：

一是送给经销商有关业务人员或大宗设备采购人员的，目的主要是联络感情、显示公司实力。该类礼品一般较为高档，一次性制作数量较少，如公文包、计算器、电子词典等。

二是送给经销商用于摆放在卖场的，该类广告赠品有大有小，小的如有些烟草企业赠送给娱乐场所的烟灰缸、菜单架，大的如部分饮料企业赠送给小商店的冰柜。

赠品传播的优点

●生命周期较长：赠品大多是有实用价值或欣赏价值的物品，可以较长时间地保留和使用，因而其生命周期也长。

●吸引力强：甚至会达到消费者为了赠品而购买企业产品的目的。

赠品传播的缺点

●成本居高不下，即使一些低值物品，由于发放数量不能太少，花费也相当可观。

●广告信息容量有限，一般只标明企业名称、品牌或其他一些简单的信息。

新型赠品传播

对于传统赠品广告的信息容量小的局限性，赠品广告商家一直在寻找对策。随着二维码时代的到来，不少广告商家，也看中二维码信息容量大的优点，把二维码与赠品广告相结合，生产出新型赠品广告。

（二）橱窗传播

橱窗传播主要形式为橱窗广告。

橱窗广告是现代商店店外 POP 广告的重要组成部分，它借助玻璃橱窗等媒介物，把商店经营的重要商品，按照巧妙的构思，运用艺术手法和现代科学技术，设计陈列成富有装饰美的货样群，以达到刺激消费的目的。

橱窗传播的特点

●一是真实性。不仅做到“橱窗里有样，店堂里有货”，而且要通过道具、色彩、灯光、文字、图片等手段，将商品的美感尽量地显示出来。

●二是具有可利用的空间。橱窗空间虽小，但它同样具有上下、左右、前后三度空间的层次变化，通过总体的造型图案的构思和形象的内在联系，组成一幅幅多姿多彩的立体画面。

●三是适应性强。能适应季节气候的变化，适应消费心理的变化，适应购买力的变化，及时调整商品陈列位置，最好把热门货和新产品摆在显眼的地方。

（三）成果示范

成果示范是在农村信息员、农业技术推广人员指导下，将在当地经试验取得成功的某项科技成果、组装配套技术或某项实际种植经验，有计划地在一定面积上进行实际应用，做出样板，示范给其他农民，引起他们的兴趣，鼓励、推动他们共同效仿的推广方法。

成果示范能够用不可争辩的事实向农民展示某项技术的优越性，是一种可以用全部感官去学习的方法。这种方法是用农民的实际成功经验去推广新信息、新技术，更能引起农民学习的兴趣。它具有较强的说服力，很容易被接受。

成果示范的原则

- 一是成果示范要有计划地进行，计划的要点包括示范要解决的问题、完成的目标和主要措施等。
- 二是要同农民的目标一致，做到花钱少、见效快、收益高。
- 三是示范点的选择要有代表性，选择交通方便、具备示范条件的地块，以便吸引更多的农民参观学习。
- 四是要取得当地领导的合作，以便动员和组织农民参观示范点。
- 五是在信息上要准确，在技术上必须经过当地中间试验证明是正确的。
- 六是必须解决示范所必要的资金和配套物资，以保证示范工作的顺利进行。

成果示范的步骤

一是示范布局及示范地块的选择。示范布局是根据计划推广面积和地理状况确定的。交通方便的平原地区，一般采用“梅花布点式”示范；交通不便的山区，则多根据山川走向，采用“条状布点”示范。成果示范要选择地力均匀的地块，一般分小区在相同条件下进行对比，设对照区，立示范牌。牌上要标明示范题目、内容、方法、时间及示范单位、负责人和户的姓名。示范规模要有一定代表性，面积不可太小，要适当增加示范点，以扩大辐射面。

二是确定示范户。成果示范工作应由有经验的农民技术员或科技示范户承担，并要对他们进行技术培训。培训的内容包括地点选择、示范设计、观察记载、技术措施等。

三是做好观察记载。成果示范的观察记载一般在推广人员指导下由示范者进行。记载必须真实准确，保证正确反映示范的全过程。在每项技术措施的关键时期，推广人员要亲临指导，及时发现和解决问题，防止因技术失误而导致示范失败。

四是及时组织示范参观。成果示范的目的是为了吸引更多的农民采用新技术，扩大技术的应用范围。因此，在示范过程中，要选择作物的关键时期，及时组织农民到示范田参观学习。为了提高示范效果，还可结合幻灯、挂图或印发说明材料等。

五是做好示范的总结评价工作。成果示范结束后，要组织专家、技术人员和农民进行全面总结，综合评价。对表现突出的示范项目，要给予肯定，并通过会议、广播、电视等形式传播技术信息，加强宣传报道，以扩大示范知名度。对有贡献的示范户要进行表彰和奖励。如果示范失败，要听取群众的意见，认真分析原因，吸取经验教训，以便改进工作。

延伸阅读

网络营销与网络销售

1. 网络营销的概念

从“营销”的角度出发，可将网络营销定义为：网络营销是企业整体营销战略的一个组成部分，是建立在互联网基础之上、借助于互联网特性来实现一定营销目标的一种营销手段。

2. 网络销售的特点

(1) 交易成本的节省性　交易成本的节省体现在企业和客户两个方面。对企业来说，尽管企业上网需要一定的投资，但与其他销售渠道相比，交易成本已经大大降低了。其交易成本的降低主要包括通信费用、促销成本和采购成本的降低。

(2) 交易的互动性　商场可在网络上主动发布商场信息，主动发出电子邮件的广告宣传，顾客在家中发出问讯或购买信息而实现双向互动完成商场销售交易。

(3) 时空的突破性　由于互联网络具有超越时间约束和空间限制进行信

息交换的特征，因此使得脱离时空限制达成交易成为可能，企业能有更多时间和更大的空间进行营销。

（4）交易的特殊性　交易的特殊性包括交易主体和交易对象的特殊性。从交易主体来看，随着网民的增加和电子商务的发展，网上购物的人数在不断增加。但是网上购物者的主体依然是具有以下共同特征的顾客群体：年轻、比较富裕、比较有知识的人，个性化明显、需求广泛的人，求新颖、求方便、惜时如金的人。从销售对象的特征性来看，并不是所有的商品都适合在网上销售。

3. 网络营销与网络销售的区别

第一，网络营销不是网络销售。

网络销售是网络营销发展到一定阶段产生的结果，网络营销是为实现网络销售而进行的一项基本活动，但网络营销本身并不等于网络销售。

这可以从两个方面来说明：一是因为网络营销的效果可能表现在多个方面，如企业品牌价值的提升、与客户沟通的加强。作为一种对外发布信息的形式，网络营销活动并不一定能实现网上直接销售的目的，但是，很可能有利于增加总的销售。二是网络销售的推广手段也不仅仅靠网络营销，往往还要采取许多传统的方式，如传统媒体广告、发布新闻、印发宣传册等。

第二，网络营销不仅限于网上。

这样说也许有些费解，不在网上怎么叫网络营销？这是因为互联网本身还是一个新生事物，对于上网的人来说，由于种种因素的限制，有意寻找相关信息，在互联网上通过一些常规的检索办法，不一定能顺利找到所需信息，何况，对于许多初级用户来说，可能根本不知道如何去查询信息。因此，一个完整的网络营销方案，除了在网上做推广之外，还很有必要利用传统营销方法进行网下推广。这可以理解为关于网络营销本身的营销，正如关于广告的广告。

第三，网络营销建立在传统营销理论基础之上。

因为网络营销是企业整体营销战略的一个组成部分，网络营销活动不可能脱离一般营销环境而独立存在，网络营销理论是传统营销理论在互联网环境中的应用和发展。

单元五
多媒体信息技术与使用

单元提示

1. 多媒体在信息传播中的应用。
2. 文本信息和 Excel 工作表的处理。
3. 图形信息的处理。

一、多媒体信息处理与应用

（一）信息与多媒体技术

信息在计算机中的表现形式包括文本、图形、图像、音频、动画、视频。

信息处理技术按所处理信息对象的不同分为文字处理技术、表格处理技术、图形图像处理技术、声音处理技术、电子文档管理技术等方面。

媒体是信息在传递过程中，从信息源到受传者之间承载并传递信息的载体或工具。

多媒体技术是最新的信息处理技术的核心。农民信息员要学会多媒体技术的应用，尤其是多媒体信息处理技术，这是做好信息工作的基础。

计算机是多媒体技术的主要媒体，因此掌握计算机技术非常必要。

信息与媒体的关系

- 没有不承载信息的媒体。
- 没有不依附于媒体的信息。
- 信息与媒体统一于信息的表现形式。

多媒体关键技术

●多媒体硬件技术：即具有多媒体信息处理功能的个人计算机。它能够输入、输出并综合处理文本、图形、图像、音频、视频和动画等。

●多媒体数据压缩和编码技术：是指对多媒体信息的原始数据进行重新编码，以除去原始数据中的冗余，以较小的数据量表示原始数据的技术。

●多媒体数据存储和检索技术：是把多种信息的传播载体通过计算机进行数字化加工处理而形成的一种综合技术。多媒体数据存储可采用的介质有硬盘、光盘、U盘等。

●多媒体数据通信技术：通过现有的各种通信网来传输、转储和接收多媒体信息的通信方式，其关键技术是多媒体信息的高效传输和交互处理。

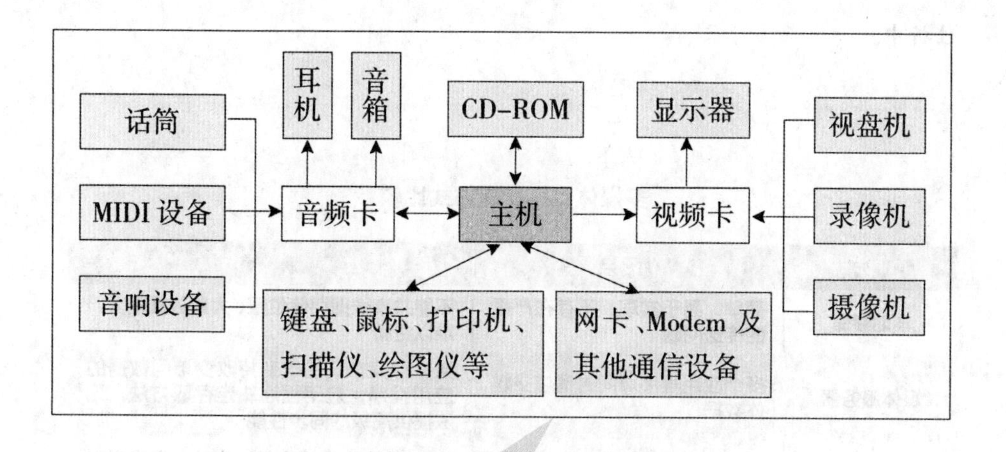

个人计算机硬件系统组成

多媒体与多媒体技术的特征

●多样性：处理对象、存储介质、媒体种类。

●交互性：通过媒体信息使参与的各方都可以对媒体信息进行处理。

●集成性：多媒体是在数字化的基础上，各种媒体集成的应用。

●实时性：用户给出操作命令时，相应的多媒体信息都能得到实时控制。

数据压缩的分类

1. 无损压缩

压缩后的数据经解压缩还原后，得到的数据与原始数据完全相同。

2. 有损压缩

压缩后的数据经解压缩还原后，得到的数据与原始数据不完全相同。因此有损压缩是一种不可逆的编码方法。

3. 混合压缩

利用各种单一压缩的长处，以求在压缩比、压缩效率及保真度之间取得最佳折中。

多媒体数据管理方式比较

管理方式	优 点	缺 点
本地存储	简单，易于实现，不存在严重的传送问题	不能共享数据存储位置、大量数据重复、难以更新
媒体服务器	多个应用程序可同时请求多媒体数据	数据存储格式的改变将改变访问数据的应用程序，应用程序决定存取方法，无法提供高级的同步性能
大对象	把多媒体数据集成到数据库系统，可存储多种多媒体数据	LOB 整个作为一个单一实体，很难交互地存取对象的各个部分
面向对象的方法	可以很好地了解多媒体数据库及其操作和行为	本身未提供关于多媒体数据的基本存储和管理的新技术方法

多媒体数据通信的主要要求

第一是多媒体的多样化，能同时支持音频、视频和数据传输。

第二是交换节点的高吞吐量。

第三是有足够的可靠宽带。

第四是具有良好的传输性能。

第五是具备呼叫连接控制、拥塞控制、服务质量控制和网络管理功能。

（二）多媒体在信息传播中的应用

1. 多媒体教室综合演示平台

又称多媒体教学系统，核心设备是多媒体计算机。

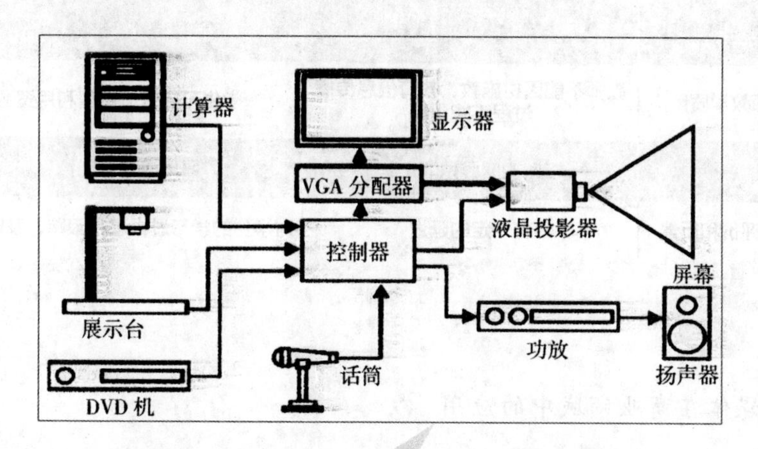

多媒体教室综合演示平台

多媒体教室综合演示平台可实现的功能

一是使用计算机进行多媒体教学，呈现教学内容。

二是播放视频信号等内容。

三是利用实物展台可以将书稿、图片、照片、文字资料、实物以及教师实时书写的文字投影到银幕上进行现场实物讲解。

四是可以连接校园网，进行网上联机教学，方便教师利用网络查询、播放自己需要的教学资料。

五是通过多媒体中央控制器，完成电动屏幕、窗帘、灯光、设备电源的控制。

2. 多媒体教育软件

多媒体教育软件通常又被人们称为多媒体课件，简称课件。

多媒体课件与传统教学方式的比较

比较方面	传统教学	多媒体课件
信息形式	信息形式单一	各种形式有机结合
调动学生积极性	学习过程枯燥无味	生动有趣，变抽象为具体
教师教学质量	教师不能因材施教、教育信息传播过程不能重现	学生可自由、重复利用资源
信息量	可传递的信息量非常有限	可传递海量的信息
学习评价和反馈	有一定的延迟	对学生的学习过程进行跟踪，及时反馈

3. 多媒体在商业领域中的应用

- 一是多媒体技术的直观性应用。如以图片形式展示西瓜的外形和内瓤，让瓜农直观地了解种什么样的西瓜。
- 二是多媒体技术的互动性应用。如以通信形式咨询种子的价格和优势，再咨询专家相关技术。

4. 多媒体在大众娱乐领域中的应用

- 一是数字化音乐欣赏、影视作品点播、电脑游戏互动等。
- 二是医疗、军事、电子出版、办公自动化、航空航天、农业生产等。

二、文本信息的处理与应用

（一）文本信息概述

文本	由数字、字母、字符的序列组成的信息载体。
文本信息	以文本文件的形式存储于计算机中，文本文件是一种典型的线性的顺序文件。
文本文件的处理	文本文件的处理需要相关软件的支持，这类软件通常称为文字处理软件。
文本文件常见扩展名	.doc、.wps、.rtf、.html 等。
纯文本文件	没有应用字体或风格格式的普通文本文件，如系统日志和配置文件等。
文本编辑器	用来编写纯文本的计算机软件。

（二）文本信息的获取

获取文本信息的几种方式：键盘输入、文字识别、语音识别、资源下载。

1. 键盘输入

通过键盘输入到字处理软件中而获得所需要的文本内容，是获取文本信息最常用的方式。利用键盘，可以向计算机输入程序、指令、数据等。

（1）编辑键区　在主键盘区和辅助键区之间，由 4 个光标移动键和一些编辑键组成。

（2）专用键

【Esc】键，其功能由操作系统或应用程序定义。但在多数情况下均将【Esc】键定义为退出键。

【Enter】键，又称回车键。执行命令或在字处理软件中换行分段。

【Shift】键，又称上档键。先按住【Shift】键不放手，再敲双字符键，输入上方的字符。

【Backspace】键，又称退格键。击此键一次，就会删除光标左边的一个字符，同时光标左移一格。

【Ctrl】键，又称控制键。此键需要配合其他键或鼠标使用。

【Alt】键，又称切换键。此键需要配合其他键或鼠标使用。

【Tab】键，又称制表键。在文字处理软件里按下【Tab】键可以等距离移动插入点或移动到设置好的制表位。

【Caps Lock】键，英文字母大小写转换键。

【Print Screen】键，又称屏幕打印键。把屏幕的信息复制到计算机粘贴板中。

【Pause Break】键，又称暂停中断键。可中止某些程序的执行。

【Scroll Lock】键，又称屏幕滚动锁定键。在阅读文档时，使用该键能翻滚页面。

（3）方向键

【↑】光标上移键。

【↓】光标下移键。

【←】光标左移键。

【→】光标右移键。

【Insert】键，又称插入键。在“插入”和“改写”状态之间切换。

【Delete】键，又称删除键。按下此键一次，可以把紧接光标之后的内容删除。

【Home】键，又称光标移到行首键。按下此键，光标立即跳到行首。

【End】键，又称光标跳到行末键。按下此键，光标就跳到行末。

【Page UP】键，又称上翻页键。可把文本内容向上翻一页。

【Page Down】键，又称下翻页键。可把文本向下翻一页。

（4）组合控制键

【Ctrl】+【Alt】+【Del】，热启动键。

【Alt】+【F4】，关闭当前项目或退出当前程序。

【Ctrl】+【F4】，在允许同时打开多个文档的程序中关闭当前文档。

【Alt】+【Tab】，在打开的项目之间切换。

【Alt】+菜单名中带下画线的字母，显示相应的菜单。

【Alt】+带下画线的字母，执行相应的命令或选中相应的选项。

（5）文字输入的要求

操作姿势 桌椅的高度调节要适中；腰部挺直，两脚平稳踏地；身体略往前倾，身体离键盘20~30厘米；上臂和肘靠近身体，拱起手腕。两拇指放在空格键【Space】上，左手由小指起分别放在【A】、【S】、【D】、【F】各基准键上，右手从食指起分别放在【J】、【K】、【L】、【;】各基准键上。

文字输入要领

- 手掌应该保持和键盘平行，且手掌尽量不要放在键盘上，尽可能地放松手臂和手腕。
- 凭手指的触觉能力准确击键，眼睛不要看键盘。
- 要用心记住键盘各键的位置，用大脑指导手指移向要击的键。
- 手指击键要准确果断，频率稳定，有节奏感，力度均匀。
- 击完键后手指应迅速归位，回到基准键上，为下次击键做准备。
- 无论用哪个手指击键，这时，其他手指自然伸展。
- 输入文字的时候手腕应悬空。

正确使用输入法

设置输入法，常用快捷键：

- 【Ctrl】+【Shift】，切换输入法。
- 【Ctrl】+【Space】，切换英文和中文输入法。
- 【Shift】+【Space】，切换全角和半角。

2. 文字识别

（1）分类 从识别过程看，文字识别分成脱机识别和联机识别。从识别对象看，文字识别分成手写体识别和印刷体识别。

（2）常用文字识别形式

光学字符识别 指对文本资料进行扫描，然后对图像文件进行分析处理，获取文字及版面信息的过程。常见文字识别软件有清华紫光OCR软件等。

手写识别 指将在手写设备上书写的字体，即产生的有序轨迹信息转化为汉字内码的过程。

用于手写输入的设备：电磁感应手写板、压感式手写板、触摸屏、触控板、超声波笔等。

3. 语音识别

语音识别技术：自动语音识别（ASR），将口头语言转换为书面文字。

4. 资源下载

对于不能复制文字的网站，可单机【查看】、【源文件】命令，从生成的源文件记事本中复制；或者把该网页保存为 .txt 文件，然后再进行复制。

如果网页中下载的文字是表格中的文字，则把表格转换成文本。

Microsoft 语音识别引擎的使用

①准备工作：麦克风、声卡、Microsoft 语音识别引擎。

②语音识别训练。

③使用语音识别："听写模式"和"声音命令模式"。

（三）文本信息的处理

1. 编辑排版

插入点的移动和定位 一是将鼠标移到要插入的位置，单击。二是利用键盘快捷键移动和定位。如：Home 是将插入点移到当前行首；End 是将插入点移到当前行尾；Ctrl+Home 是将插入点移到文档开始；Ctrl+End 是将插入点移到文档末尾。

文本的选择 一是利用鼠标选择文本，即将光标移到要选择的字符右侧，按下鼠标左键，拖动鼠标至最后一个字符释放鼠标。二是利用键盘选择文本，即先把光标移到要选中的文本一端，然后按住 Shift 键，同时按方向键（↑、→、↓、←）向文本的另一端移动，移到文本的另一端松开键即可。这个过程中被选中的文本会反色显示。

插入内容 选择“菜单”→“文件”命令，在弹出的“插入文件”对话框中选择要插入的文件并双击。

删除 用 Backspace 键删除光标前一个字符，用 Del 键删除光标后一个字符。

撤销操作 选择菜单“编辑”→“撤销”命令或单击工具栏中的“撤销”按钮即可完成该操作。

复制和粘贴 选定复制内容，选择菜单“编辑”→“复制”/“剪切”（按组合键 Ctrl+C 或 Ctrl+X）命令，光标定位在插入位置，最后选择“编辑”→“粘贴”（或按组合键 Ctrl+V）命令；也可以利用鼠标拖拽移动选定复制内容，按下鼠标左键，拖拽鼠标到插入的位置释放鼠标。

2.Word 表格的建立与编辑

表格的建立

方法一：使用工具栏按钮创建。

将光标定位在需要插入表格的位置，单击“常用”工具栏中的“插入表格”按钮“▦”，在出现的示意图中向右下角方向拖动鼠标，在出现所需的行数和列数后，释放鼠标，即完成表格的插入。

方法二：使用菜单命令。

将光标定位在需要插入表格的位置，选择“表格”菜单中的“插入”→“表格”命令，在弹出的“插入表格”对话框中进行相应的参数设置，单击“确定”即可。

方法三：使用“表格和边框”工具栏绘制表格。

选择“表格”菜单中的“绘制表格”命令，弹出“表格和边框”工具栏。单击工具栏中的“绘制表格”按钮，按住鼠标左键拖动鼠标即可绘制出表格外围边框及表格线。使用工具栏中的其他选项可以对表格的线形、粗细、颜色和框线等进行设置。

选择单元格、行、列或表格

●选定一个单元格：将鼠标放在单元格的左侧，等到鼠标图形变为指向右上方的箭头时，单击鼠标即可。

●选定一行：将鼠标置于要选定行的任一单元格，单击菜单命令，“表格”→“选定”→“行”。使鼠标指向要选定行的最左边，等到鼠标图形变为指向右上方的箭头时，单击鼠标即可选中该行。

●选定一列：将鼠标置于要选定列的任一单元格，单击菜单命令“表格”→“选定”→“列”。使鼠标指向要选定列的最上边，等到鼠标图形变为指向下的箭头时，单击鼠标即可选中该列。

●选定整个表格：将光标置于要选定表的任一单元格，单击菜单“表格”→“选定”→“表格”命令。使鼠标指向要选定表格的左上角，等到鼠标图形变为“✣”时，单击鼠标即可选定整个表格。

表格中单元格、行、列的插入和删除操作

●插入单元格、行、列：选择“表格”→“插入”命令，在弹出的下级菜单中进行选择。

●删除单元格、行、列：选择“表格”→“删除”命令，在弹出的下级菜单中进行选择。

单元格合并 选择要合并的单元格，单击“表格”→“合并单元格”命令，或在单击鼠标右键弹出的快捷菜单中选择“合并单元格”菜单命令。

拆分单元格 选择要拆分的单元格，单击“表格”→“拆分单元格”命令，在弹出的对话框中设置要拆分的列数和行数，单击“确定”即可。

自动套用格式 选择菜单“表格”→“表格自动套用格式”命令，在弹出的对话框中选择要套用的格式。

文字对齐 设置表格中内容的对齐方式可先选择要对齐内容的单元格，单击鼠标右键，在弹出的快捷菜单中选择“单元格对齐方式”，在下一级菜单中选择一种对齐方式。

格式化表格 选定表格，单击菜单“表格”→“表格属性”命令，在弹出的“表格属性”对话框中对“表格”“行”“列”“单元格”等的属性进行设置。

3.Word 图形的制作与编辑

图形的制作

使用“绘图”工具栏中提供的绘图工具可绘制正方形、长方形等各种图形对象。“绘图”工具栏的显示可通过选择“菜单”→“工具栏”→“绘图”命令来实现。

1. 绘制自选图形

在“绘图”工具栏上，鼠标点击“自选图形”按钮，在弹出的菜单中从各种样式中选择一种，在级联的菜单中单击一种图形，鼠标指针变为“+”形状，在需要添加图形的位置单击并拖动，就插入一个自选图形。

2. 在自选图形中添加文字

选中图形，单击鼠标右键，在弹出的快捷菜单中选择添加文字即可。自选图形可对添加的文字进行修饰。

设置图形内部填充色和边框线颜色 选中图形，单击鼠标右键，在弹出的快捷菜单中选择“设置自选图形格式”命令，在弹出的对话框中对图形颜色、线条、大小和版式进行设置。

设置阴影和三维效果 在“绘图”工具栏中选择“阴影”或“三维效果”按钮。

旋转和翻转图形 在“绘图”工具栏中选择“自由旋转”按钮。

叠放图形对象 选择图形对象，单击鼠标右键，在弹出的对话框中选择“叠放次序”，对图形的叠放次序进行设置。

图形对象的组合和取消组合

●组合图像：将要组合的图形对象全部选定，对图像单击右键，在弹出的快捷菜单中选择“组合”→“组合”命令来实现。

●取消组合：选定图像，单击右键，在弹出的快捷菜单中选择“组合”→“取消组合”命令来实现。

对齐和排列图形对象 选定要对齐的图形，单击“绘图”按钮，选定“对齐或分布”命令，在下级菜单中选择一种对齐命令。

4.Word 对象的插入

（1）图形的插入

●插入剪贴画：单击菜单“插入”→“图片”→“剪贴画”命令，在弹出的“插入剪贴画”对话框中选择“图片”选项卡，单击某一种图片种类即可打开该类别中包含的所有剪贴画。选择要插入的剪贴画，单击鼠标，在出现的快捷工具栏中点击“插入剪辑”按钮，即可将所选图片插入到文档中。

●插入来自文件的图片：单击菜单“插入”→“图片”→“来自文件”命令，在弹出的对话框中查找选择图片所在的位置，单击“插入”按钮即可。

（2）文本框的插入

选择“插入”→“文本框”菜单命令，在子菜单中选择“横排”或“竖排”选项，此时鼠标指针变成“+”形状，在需要添加文本框的位置，按下鼠标左键并拖动，即插入一个空文本框。

编辑文本

对文本框内容同样可进行插入、删除、修改、剪切、复制等操作，处理方法同文本内容一样。

调整文本框大小

选定文本框，鼠标移动到文本框边框的控制点，当鼠标图形变成双向箭头时，按下鼠标左键并拖动，可调整文本框大小。

移动文本框位置

鼠标移动到文本框边框，按下鼠标拖动到目的地松开鼠标，就完成文本框移动的工作。

设置文本框属性

鼠标移动到文本框边框，单击鼠标右键，在弹出的快捷菜单中选择“设置文本框格式”命令，在弹出的对话框中设置文本框的大小、颜色、线条的宽度等属性。

图文混排技术

文字和图形是两类不同的对象，当文档中插入图形对象后，可以通过设置图片的环绕方式进行图文混排。

鼠标指向插入图形对象，单击鼠标右键，在弹出的快捷菜单中选择“设置图片格式”命令，在弹出的对话框中选择“版式”选项卡。

在“环绕方式”框中的5种环绕方式嵌入型、四周型、紧密型、浮于文字上方、衬于文字下方中，选择一种绕图方式。

单击“确定”按钮。

5.Word 文档的打印

打印预览 在文档打印前，可预览一下打印效果。

打印预览的操作方法有：

- 单击“文件”菜单的“打印预览”命令。
- 单击“常用”工具栏的“打印预览”命令。

在上述操作打开的预览窗口中，设置预览几页内容、显示比例等相关的参数。

打印的基本参数设置和打印输出 单击菜单命令“文件”→“打印”后，在弹出的“打印”对话框中设置打印页面范围、打印份数和页码范围等参数，最后单击“确定”按钮即可开始打印。

（四）Excel 工作表的处理

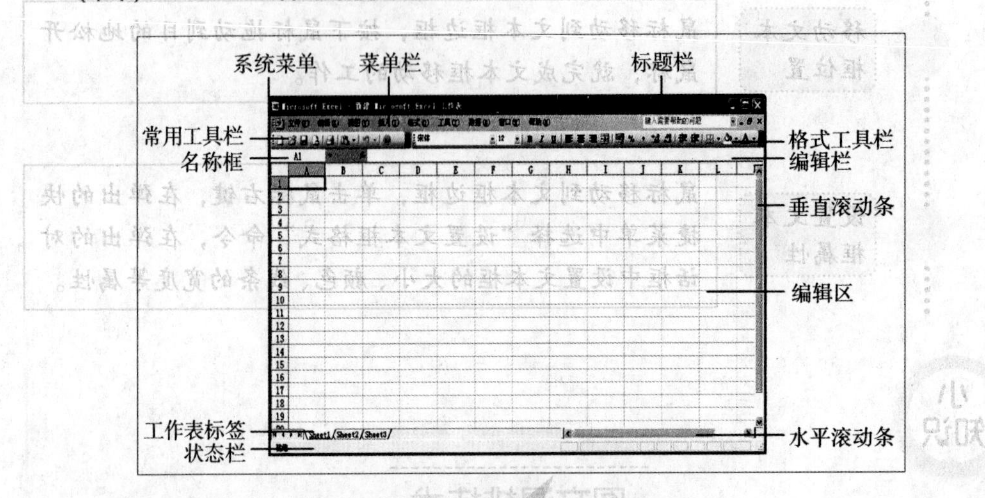

Excel的窗口组成

1. 数据输入

通过键盘直接输入；利用 Excel 电子表格的自动填充功能来输入。

输入文本

●对于全部由数字组成的文本数据，输入时应在数字前加一英文单引号（‘），使 Excel 电子表格将文本与数值进行区别。

●当用户输入的文本超出单元格的宽度时，如果右侧的单元格中没有数据，则超出的文本会延伸到右侧单元格中；如果右侧的单元格中已有数据，则超出的文本被隐藏起来，当增大列宽后，隐藏的内容又会显示出来。

输入数值

●Excel 输入的数值与显示的数值未必相同，如数据长度超出单元格宽度，会自动以“#”号表示。

●Excel 电子表格在计算时将以输入的数值而不是显示数值为准。

●为避免将输入的分数当作日期，应在分数前加 0 和空格，如“0 1/2”。

输入日期和时间 Excel电子表格中常见日期时间格式有“MM/DD/YY”“DD-MM-YY”“HH：MM（AM/PM）”，其中AM/PM与分钟之间应有空格，如10：30 AM，如果缺少空格将当作字符数据处理。如果要输入当天日期按组合键【Ctrl+；】，输入当天时间按【Ctrl+Shift+；】。

自动填充数据

●通过左键拖动单元格区域填充柄来填充数据。

●通过“编辑”→“填充”命令自动填充数据。

Excel电子表格还能预测填充趋势，然后按预测趋势自动填充数据。例如，要建立学生登记表，在A列相邻两个单元格A2、A3中分别输入学号2007001和2007002，选中A2、A3单元格，然后向下拖动该区域的填充柄时，Excel电子表格在预测时认为它满足等差数列，因此，会在下面的单元格中依次填充2007003、2007004等值。

2. 工作表编辑

（1）工作表的添加、删除和重命名

添加工作表

●方法一：选择“插入”→“工作表”命令，就会在当前工作表前添加一个新的工作表。

●方法二：右击工作表标签，弹出快捷菜单，选择“插入”命令，弹出如下图所示的对话框，然后在“常用”选项卡下选择工作表，单击“确定”按钮就可在当前工作表前插入一个新的工作表。

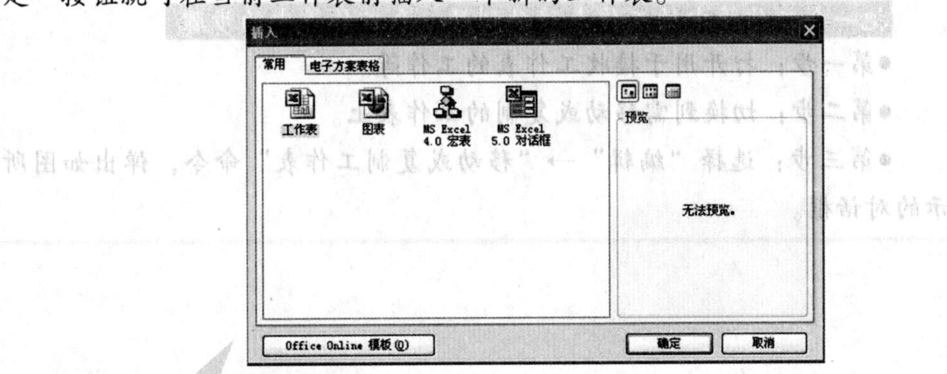

“插入”对话框

删除工作表

●方法一：选择“编辑”→“删除工作表”命令，将删除工作表。

●方法二：右击工作标签，弹出快捷菜单，选择“删除”命令，也可删除工作表。

重命名工作表

●方法一：选择“格式”→“工作表”→“重命名”命令，或者双击需要重命名的工作表标签，然后输入新的名称，即可修改工作表的名字。

●方法二：右击工作表标签，在弹出的快捷菜单中选择“重命名”命令，当前工作表名称会反相显示，然后输入新的名称，即可覆盖原有的名称。

（2）工作表的移动和复制

同一个工作簿中移动和复制工作表的步骤

●第一步：选定要移动或复制的工作表标签。

●第二步：按住鼠标左键并沿着下面的工作表标签拖动，此时鼠标指针变成白色方块与箭头的组合。同时，在标签行上方出现一个小黑三角形，指示当前工作表将要插入的位置。

●第三步：如果直接松开鼠标左键，是把工作表移动到新的位置；如果先按住【Ctrl】键，再松开鼠标左键，则是把工作表复制到新的位置。

把一个工作簿中的工作表移动到另一个工作簿中的步骤

●第一步：打开用于接收工作表的工作簿。

●第二步：切换到需移动或复制的工作表上。

●第三步：选择“编辑”→“移动或复制工作表”命令，弹出如图所示的对话框。

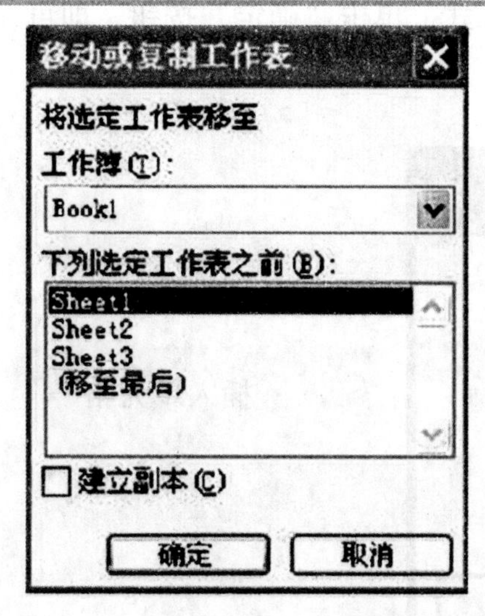

“移动或复制工作表”对话框

●第四步：在“工作簿”下拉列表框中选择用于接收工作表的工作簿。如果选择“新工作簿”选项，则是将选定的工作表移动或复制到新工作簿中。

●第五步：在“下列选定工作表之前”列表框中选择一个工作表，就可以将所要移动的工作表插入到指定的工作表之前。如果是复制工作表，选中对话框中的“建立副本”复选框即可。

●第六步：单击“确定”按钮，就可将选定的工作表移动或复制到新的位置。

（3）单元格的移动和复制

●选定要移动或复制的单元格或单元格区域。

●把鼠标移动到选定的单元格或单元格区域的边框处，鼠标变成一个指向左上方的鼠标指针，按住鼠标左键拖动到目标位置。

●如果直接松开鼠标左键，则把单元格或单元格区域中的内容移动到目标位置；如果先按住【Ctrl】键，再松开鼠标左键，则是把单元格或单元格区域中的内容复制到目标位置。

（4）插入行、列和单元格　在要插入行、列或单元格的位置处右击，选择“插入”→“行”/“列”/“单元格”命令。

如果选择“行”或“列”命令，则会直接在选定的位置上边插入一行或在选定位置右边插入一列；如果是选择“单元格”命令，则会弹出如下图所示的对话框，选择插入单元格的方式，单击“确定”按钮，即可在选定位置处插入单元格。

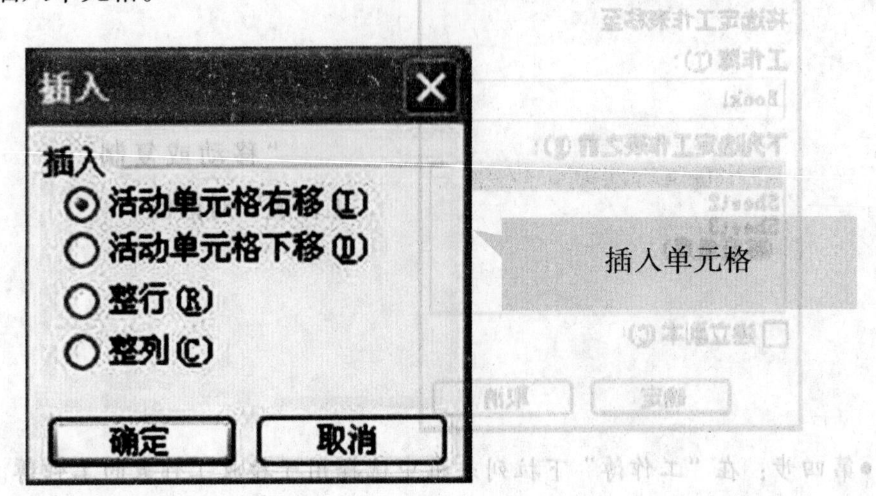

（5）删除行、列和单元格　选定需要删除的行、列或单元格，选择“编辑”→“删除”命令。

如果删除的是行或列，则会把行或列直接从工作表中删除；如果删除的是单元格，则会弹出如图所示的对话框，选择单元格的补充方式，单击“确定”按钮即可。

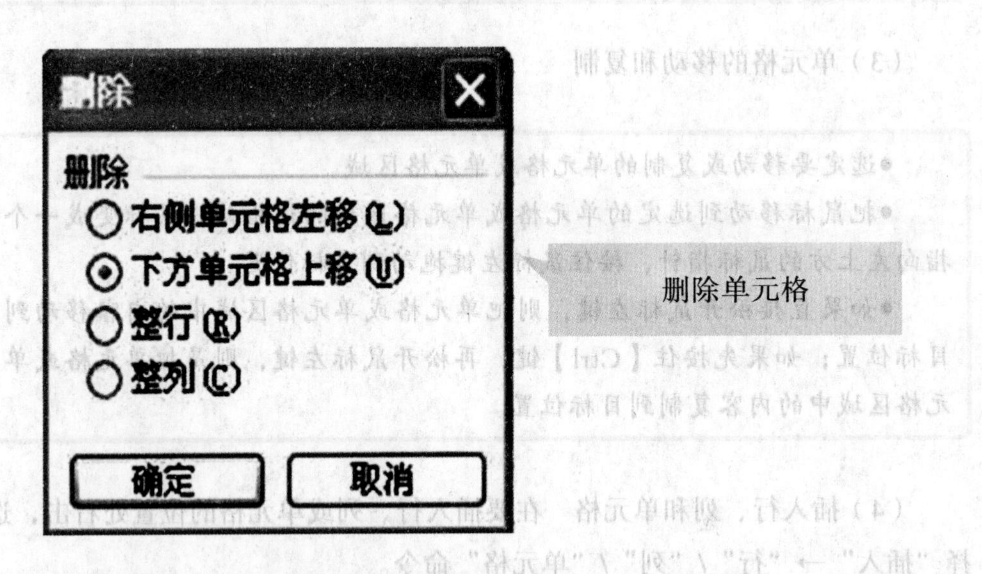

（6）清除行、列和单元格　清除行、列或单元格，是指将选定的单元格中的内容、格式或批注等从工作表中清除掉，而行、列或单元格仍保留在工作表中，其步骤为：选定要清除的行、列或单元格，选择“编辑”→“清除”

命令，在弹出的级联菜单中选择相应命令即可。

3. 格式化工作表

（1）数字格式设置　选定要改变格式的单元格区域，选择“格式”→“单元格”命令，弹出“单元格格式”对话框。在“单元格格式”对话框中单击“数字”选项卡，在“分类”列表框中选择一种数值格式。在右边的格式设置中设置好需要的数字格式，单击“确定”按钮完成设置。

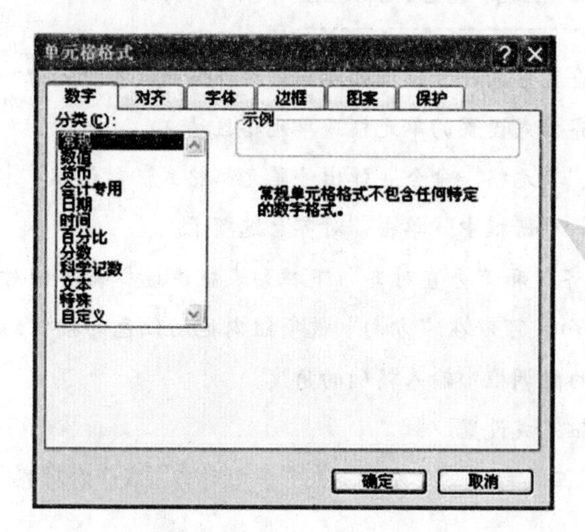

“单元格格式”对话框

（2）字体格式设置　选定需要进行字符设置的单元格区域，选择“格式”→“单元格”命令，弹出“单元格格式”对话框。在“单元格格式”对话框中，单击“字体”选项卡。分别在字体、字形、字号、下画线和颜色等列表框中进行相应的设置，单击“确定”按钮完成设置。

字体格式设置

（3）数据对齐方式设置　Excel电子表格在进行数据输入时，文本自动左对齐，数字自动右对齐。

单元格对齐方式设置

单元格中的内容在水平和垂直方向都可以选择不同的对齐方式，其步骤为：

第一步，选定需要进行对齐方式设置的单元格或单元格区域。

第二步，选择“格式”→“单元格”命令，弹出“单元格格式”对话框。

第三步，在“单元格格式”对话框中，单击“对齐”选项卡。

第四步，分别在“水平对齐”和“垂直对齐”下拉列表框中选择需要的对齐方式。如果想设置文本的方向，可以在“方向”选项组内拖动红色的按钮到合适的角度，或者直接在下边的微调框中输入精确的角度。

第五步，单击“确定”按钮完成设置。

另外，也可以通过“格式”工具栏中的“左对齐”“居中对齐”或“右对齐”按钮来设置水平对齐方式。

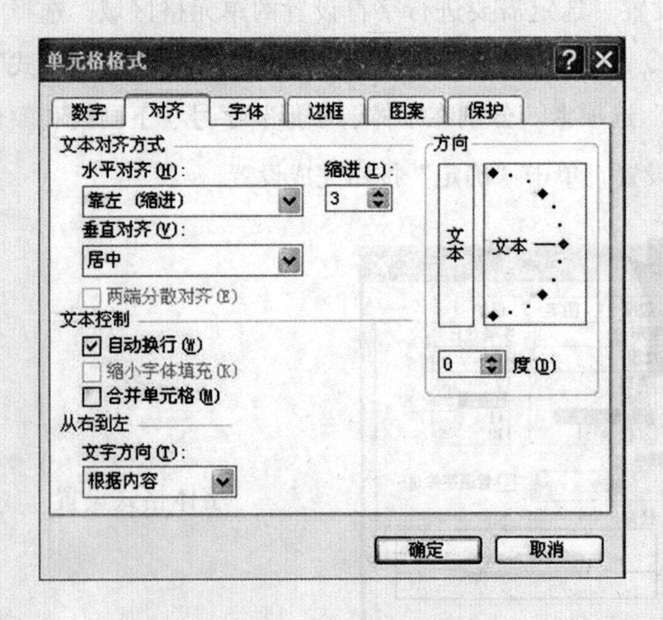

单元格对齐方式设置

（4）边框和底纹　选定需要进行边框和底纹设置的单元格或单元格区域，选择“格式”→“单元格”命令，弹出“单元格格式”对话框。在“单元格格式”对话框中，单击“边框”选项卡。在“样式”“颜色”列表框中选择需要的线条类型和所需的颜色，在“预置”选项组中设置边框样式。

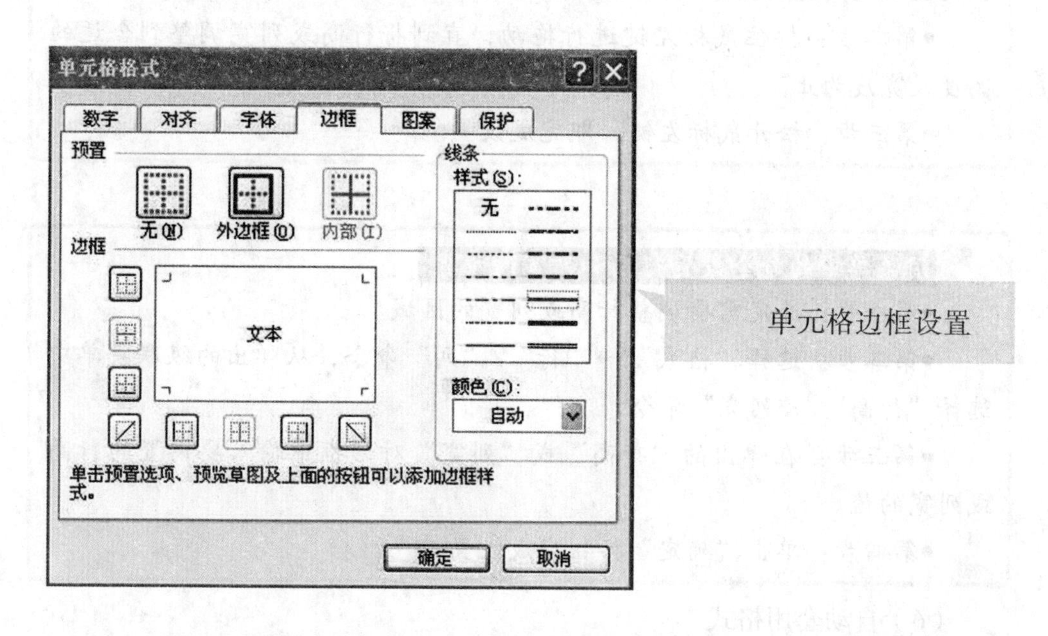

在“单元格格式”对话框中，单击“图案”选项卡。在“颜色”列表框中选择所需的底纹颜色，在“图案”下拉列表框中选择所需的图案。单击“确定”按钮完成对边框和底纹的设置。

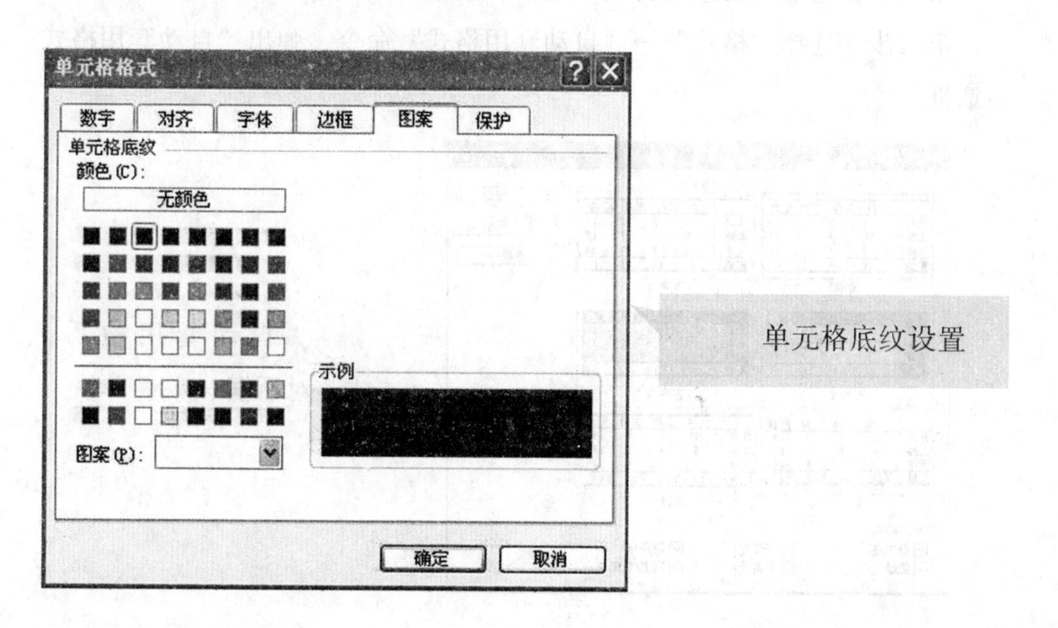

（5）调整行高和列宽

用鼠标设置行高和列宽的步骤

●第一步：将鼠标指向要改变行高的行号之间的分隔线上，或将鼠标指向要改变列宽的列号之间的分隔线上，此时鼠标变成双向箭头。

●第二步：按住鼠标左键进行拖动，直到将行高或列宽调整到合适的高度或宽度为止。

●第三步：松开鼠标左键，即完成设置。

用菜单中的命令设置行高和列宽的步骤

●第一步：选定需要调整行高或列宽的区域。

●第二步：选择“格式”→“行”/“列”命令，从弹出的级联菜单中选择“行高”/“列宽”命令。

●第三步：在弹出的“行高”或“列宽”对话框中输入要设置的行高或列宽的值。

●第四步：单击“确定”按钮完成设置。

（6）自动套用格式

对工作表的格式化也可以通过 Excel 提供的自动套用式功能来快速设置单元格区域的格式，其步骤为：

第一步，选定需要应用自动套用格式的单元格区域。

第二步，选择“格式”→“自动套用格式”命令，弹出“自动套用格式”对话框。

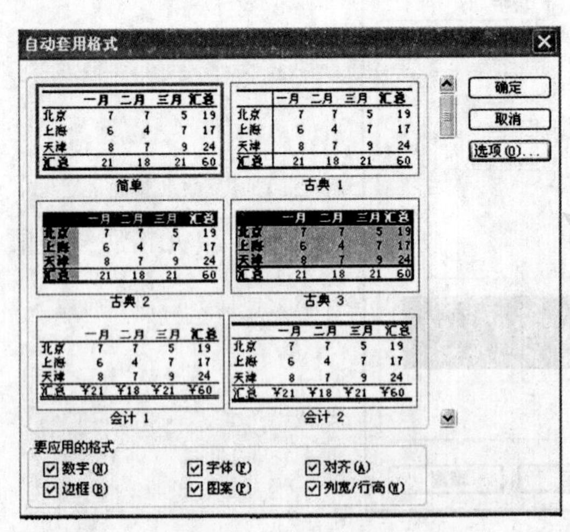

“自动套用格式”对话框

第三步，对话框中根据需要选择一种格式。

第四步，单击“选项”按钮，会在该对话框下方显示“应用格式种类”选项组。如果只需应用自动套用格式中的部分特性，可以在“应用格式种类”选项组中选中相应的复选框而清除其余的复选框。

第五步，设置完毕后，单击“确定”按钮，即可把选定的单元格区域设置成相应的格式。

三、图形信息的处理

（一）图形和图像信息

图像与图形的对比

项　目	图　像	图　形
生成途径	通过图像获取设备获得景物的图像	使用矢量绘图软件以交互方式制作而成
表示方法	将景物的映像（投影）离散化，然后使用像素表示	使用计算机描述景物的结构、形状与外貌
表现能力	规则的形体准确表示，自然景物近似表示	能准确地表示出实际存在的任何景物与形体的外貌，但会丢失部分三维信息
相应的编辑处理软件	典型的图像处理软件，如 Photoshop	典型的矢量绘图软件，如 AutoCAD
文件扩展名	.bmp. gif. tif. jpg. jp2 等	.dwg. dxf. wmf 等
数据量	大	小

1. 位图和矢量图

位图在技术上称为栅格图像，又称为点阵图，它由网格上的点组成，这些点称为像素。

位图的特点

- 位图可以表现层次和色彩比较丰富、画面细致的图像。
- 位图图像所占存储空间较大。
- 在屏幕上缩放位图图像时，可能会丢失细节。放大位图图像时，图像会产生锯齿。

矢量图是用数学的向量方式来记录图形内容，图形以线条和色块为主。

矢量图的特点

●矢量图形不适合制作色调丰富、色彩变化太多的图像，无法像照片一样表现自然界的景象。

●矢量图形与分辨率无关，可以任意缩放，按任意分辨率打印，而不会丢失细节和清晰度。

2. 像素和像素大小

像素 用来计算数码影像的一种单位，对于数字图像而言，它是组成位图图像的最小单元。

像素的两个特点：矩形、单一颜色。

像素大小 位图图像在高度和宽度方向上的像素总量。像素大小决定了图像的品质。

像素总量 = 宽度 × 高度

3. 分辨率

（1）图像分辨率 又称打印分辨率，由打印在纸上每英寸像素的数量决定的，通常以“像素 / 英寸”（ppi）来衡量。

像素大小与图像分辨率之间的关系

●图像的像素大小等于图像文档（输出）大小乘以图像分辨率。

●图像中细节的数量取决于像素大小，而图像分辨率控制打印像素的空间大小。

●在保持图像像素大小不变的情况下修改图像的分辨率，随之更改的是图像的打印大小。

●在想保持相同的打印输出尺寸的情况下，修改图像的分辨率会伴随着像素大小总量的改变。

（2）显示器分辨率与屏幕分辨率（显示分辨率）

显示器分辨率：指在显示器中每个单位长度显示的点数，通常以“点/英寸”（dpi）来衡量。

如：显示器的分辨率为80dpi，表示每英寸荧光屏上产生80个光点。

屏幕分辨率(显示分辨率)：每一条水平线上包含有1 024个像素点，共有768条线，则该显示器的显示分辨率为1 024×768。

同一台显示器、同一幅图像，在屏幕分辨率设置较小时，图像所占屏幕空间比例小；屏幕分辨率设置较大时，图像所占屏幕空间比例大。

不同大小的显示器，在屏幕分辨率相同情况下，同一幅图像所占屏幕空间比例相同，而大显示器的每个像素看起来会比较大。

（3）打印机分辨率　打印机分辨率以所有激光打印机（包括照排机）产生的每英寸的油墨点数（dpi）为度量单位。

4. 图片色彩基本知识

- 图片的色相（色别）：指从物体反射或透过物体传播的颜色。
- 图片饱和度（色度、纯度）：色彩的纯度。纯度越高，表现越鲜明；纯度较低，表现则较黯淡。原色纯度最高，间色次之，复色纯度最低。
- 图片亮度：颜色的相对明暗程度。不同色彩的明度高低顺序排列：白色、黄色、橙色、绿色、蓝色、紫色、黑色。

5. 图形、图像常见文件格式

- JPEG图片格式：JPEG格式文件后缀名为“.jpg”，JPEG图像在打开时自动解压缩。压缩级别越高，得到的图像品质越低；压缩级别越低，得到的图像品质越高。是最常用的图像有损压缩格式，能够将图像压缩在很小的储存空间。就数码图片而言，JPEG格式图片的细节丢失较多。
- TIFF图片格式：一种无损压缩的文件格式，不会破坏任何图像数据，更不会劣化图像质量。
- WMF图片格式：一种矢量图形格式，无论放大还是缩小，图形的清晰度不变。
- EPS图片格式：常用于印刷或打印输出。
- RAW图片格式：未经任何处理的全记忆图片格式。

（二）图形和图像信息的获取

设备输入

方法一：扫描仪扫描。扫描仪是一种通过光电原理把平面图形、图像数字化后输入到计算机的设备。

方法二：数码相机拍摄。数码相机是一种利用电子传感器把光学影像转换成电子数据的照相机。现在手机几乎都带有数码相机功能。

软件创作

一些简单的图形图像可利用绘图工具软件自行绘制。如 Adobe Photoshop、画图软件等。

屏幕捕捉

屏幕捕捉是指利用软件或硬件的手段，将呈现在计算机屏幕上的图形、图像信息截获，并以一定的格式存储下来，成为可以被计算机处理的图像资料。

【Print Screen】：将屏幕上的内容以图形的方式捕捉到 Windows 的剪贴板中。

【Alt】+【Print Screen】组合键：将当前活动窗口的内容以图形方式捕捉到 Windows 的剪贴板中。

网络下载

方法一：将鼠标移动至所要下载的图片上，单击右键，在弹出的快捷菜单中选择【目标另存为】进行保存。

方法二：利用下载软件进行下载，如迅雷等。

（三）图形和图像信息的处理

图形和图像信息需要处理的内容

一是对图形图像进行大小、明暗、角度等基本属性的简单处理。

二是对不符合要求的图形图像信息进行再创作。

三是对获取的图像信息进行色彩调整。

四是将获取的多张图片进行拼合处理。

五是对获取的问题图像信息进行优化和完善。

常用的图形、图像处理软件

- Adobe Photoshop：应用最广泛的图像处理软件之一，集图像扫描、编辑修改、图像制作、广告创意、图像输入与输出于一体。
- 光影魔术手：对数码照片画质进行改善及效果处理的软件，能够满足绝大部分照片后期处理的需要，批量处理功能非常强大。

光影魔术手删除背景的步骤

第一步：按住 Ctrl 键，用鼠标左键标记前景（即红线）；不要放松 Ctrl 键，再用鼠标右键标记背景（即绿线）。在完成前景和背景的标记后，才放松 Ctrl 键。

第二步：在“背景操作”中选择“删除背景”，调整“边缘模糊”的参数。

第三步：选择“预览”，看一下效果图。如果效果不太理想，可以点选“抠图工具”并重复第一步的操作，逐步修改抠图效果。

第四步：在抠出满意的效果图后，点选“保存”（注意：不是下方的“确定”），以 PNG 的格式，保存删除背景后的图片。

光影魔术手填充背景的步骤

第一步：标记前景和背景的方法同“光影魔术手删除背景的步骤”。

第二步：在“背景操作”中选择“填充背景”，选择填充的颜色和调整边缘模糊的参数。

第三步：在抠出满意的效果图后，点选下方的“确定”。

光影魔术手替换背景的步骤

第一步：标记前景和背景的方法同“光影魔术手删除背景的步骤”。

第二步：在“背景操作”中选择“替换背景”，点选“加载背景”选择背景图片，调整边缘模糊和透明的参数。

第三步：在抠出满意的效果图后，点选下方的“确定”。

光影魔术手数码补光的步骤

当背光拍摄的照片出现黑脸的情况，或者照片曝光不足时，利用数码补光功能，暗部的亮度可以有效提高，而亮部的画质不受影响。

第一步：将照片置入光影魔术手软件程序中，点开数码补光功能，显示范围选择、补光亮度和强力追补三项内容。

第二步：范围选择主要是用来控制照片中需要补光的面积。这个数字越小，补光的面积就越小。当范围选择比较小的时候，不会影响画面中亮部的曝光。确定好范围以后，提高补光亮度，就可以直接有效地提高暗部的亮度了。强力追补可以尝试，一般照片不用。

图片上传到QQ空间的方法

第一步：准备图片。在上传图片前，您需要在电脑上准备好图片。如果是网上的图片，需要先将图片存到电脑上。

将鼠标移至图片上，点击鼠标右键，选择“图像另存为”，请记住图片的存放路径。

第二步：上传图片。图片准备好后，点击提问页面或者回答页面的“上传图片”链接，在弹出的小窗口中点击“浏览”，选择图片后点击“确定”就可以完成图片的上传。